이제야 알겠다,
수학!

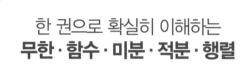

한 권으로 확실히 이해하는
무한 · 함수 · 미분 · 적분 · 행렬

이제야 알겠다, 수학!

세야마 시로 지음 | **허명구** 옮김 | **이동훈** 감수

해나무

차례

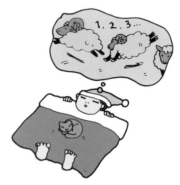

수학은 표현이다

이동훈 전국수학교사모임 회장(하나고등학교 교사)

수학은 표현이다. 수학은 관계를 표현하고 가장 간결한 해결책을 제시한다. 때로는 상징적인 기호를 사용하거나 숫자를 사용하기도 하지만 그 안에는 언어가 다른 여러 민족이 함께 공감할 수 있는 그 무엇이 있다. 따라서 수학으로는 같은 것을 이야기할 수 있고 같은 생각을 할 수 있다. 이것이 수학이다.

수학은 단순히 수로 표현된 그 무엇이 아니다. 아이폰의 간결하고도 아름다운 몇 개의 단추가 모든 기능을 할 수 있도록 조절하는 논리가 바로 수학이다.

그렇다면 오늘날 학교 현장은 수학을 무엇이라 할까? 수없이 많은 문제를 풀고, 맞은 개수의 많고 적음에 따라 학생들을 나열하여 그들의 우열을 가리는 도구가 수학이라면 수많은 수학자들은 울고 갈 것이다. 그러나 우리는 그렇게 학생들을 가르치고 있다.

그렇다면 수학에 대한 생각을 조금이나마 바꿀 수 있을까? 이 책은 코끼리처럼 큰 수학의 덩어리를 작가의 입장에서 바라본 수학 해설서이다. 본인은 이 책의 수에 대한 설명이 무엇보다 마음에 든다. 여러분은 수를 세어보았는가? 아니면 수를 재보았는가? 우리는 어려서 수를 세어보았고 조금 자라서는 수를 재보았다. 줄자나 삼각자라는 기준을 가지고 재기 시작하면서 우리는 분수로 표현된 유리수를 알아간다. 즉 셈의 대상인 자연수에서 잼의 대상이 되는 유리수로 발전해간다.

이 책은 역사발생적인 관점에서 이러한 내용을 재미있게 서술하고 있어 많은 학생들에게 암기 없이 논리라는 관점에서 수학을 바라보게 한다.

수학의 의미 제대로 이해하기

　수학이라고 하면 일단 얼굴부터 찡그리는 사람이 많았는데 최근 분위기가 조금 바뀌는 것 같습니다. 기초학문으로서의 중요성, 수학이 지닌 추상적인 아름다움과 가치관을 이해하는 사람이 늘고 있다는 느낌이 듭니다.

　수학을 배우려면 제대로 된 내용의 교과서를 꼼꼼히 읽고, 수학적 기호가 지닌 의미를 정확히 이해하는 게 제일 중요합니다. 수학은 기호와 형식으로 전개되는 학문이며 그 기호의 배후에는 풍부한 이미지가 있습니다. 그 이미지는 수학의 의미를 이해할 때에야 자신의 것이 됩니다. 이 책은 수학의 토대를 만드는 것을 목적으로 한 책입니다. 지진이 나도 부숴지지 않는 집은 눈에는 보이지 않지만 훌륭한 토대 위에 서 있는 집입니다. 내진 강도는 위장할 수 없습니다. 수학도 마찬가지입니다.

　이 책에서는 형식적인 계산보다 의미를 이해하는 데에 중점을 두었습니다. 수학의 기초실력을 키우기 위해서입니다. 수학을 계산 할 때 자신이 지금 하고 있는 계산의 의미를 제대로 이해하고 있어야 합니다. 미분 계산을 할 때 미분이 도대체 무엇을 구하는 방법인지 모르면 계산은 할 수 있어도 내용은 모르는 것입니다. 의미를 알면 수학은 무척 재미있고 수학 실력도 확실하게 향상됩니다. 지금까지 어째서 그토록 쉬운 걸 몰랐는지 신기하구나, 하고 느끼게 될 것입니다.

이 책에는 수학의 의미를 여러분에게 이해하기 쉽게 전달하기 위해 센야마 신로 선생님이 등장합니다. 센야마 신로 선생님은 서툰 익살을 좋아하는 조금 별난 수학 교사로, 저 세야마 시로의 친구입니다. 센야마 신로와 세야마 시로인 셈이죠.

이 책을 집어든 여러분 모두가 센야마 선생님의 재미있는 강의를 통해 수학 실력을 튼튼히 다지길 기대하겠습니다.

세야마 시로

414213562373095048
7040

687 2 4 2 0 9 6 9 8 0 7 8 5 6 9 6 7 1 8 7 5 3 2 6 9 4 8 0 7 317 661 91 317 990 13

0388503875343276 4

1장

무한 :
셀 수 없는 수를 센다

"원둘레의 길이는 이 세계에 실제 존재하는 길이니까
정확히 잴 수 있지 않나요?"
"예를 들면 원 주위로 실을 두른 다음
그것을 쫙 펴서 길이를 잰다든가."

수를 센다는 것

그러면 강의를 시작하겠습니다. 여러분, 이 강의가 수학 강의라는 건 다 알고 왔겠지요? 점수를 잘 줄 것 같아서……, 하는 이유로 수강하는 사람은 없겠죠? 오늘은 '점수'가 아니라 '수' 얘기를 하겠습니다.

누가 여러분에게 "수를 세어본 적이 있습니까?"라고 물어보면, 대부분의 사람들은 '무슨 바보 같은 질문을!'이라고 생각하겠죠.

"수를 세어보지 않은 사람이 있을 리가 없잖아요."
"대학도 학점 같은 걸로 시끄럽고……."

맞아요, 수를 세어본 적이 없는 사람은 없겠죠. 예를 들어 초등학교에 들어가기 전에 아버지와 함께 목욕탕의 뜨거운 물에 들어가면서,

"오십까지 세면 나가자."

라는 말을 듣고는,

"1, 2, 3, 4, ……"

하고 수를 셌던 경험을 많이들 해보았을 겁니다. 10년 전까지는 이런 정경을 '목욕탕 산수'라고 불렀지요.

"그래, 그랬었어. 우리 아버지는 백까지 세게 하고 도중에 틀리면 처음부터 다시. 살이 완전히 익었다니까."
"백까지라니 너무 하셨네."

그러나 잠깐 멈춰 서서 생각해보세요. 여러분도 나이를 먹은 뒤에는, 예를 들어 중학생이 되어서부터는 큰 수를 세지 않게 되지 않았나요? 세상에 수로 표현되는 것은 정말 많습니다. 그 중에서도 나라의 인구, 혹은 국가 예산 등은 매우 큰 수로 표현됩니다.

시험삼아 '1억'이라는 수를 생각해봅시다. 1억, 숫자로 나타내면 100000000입니다.

"뭐야. 별것도 아니잖아. 1 뒤에 0이 여덟 개 붙은 게 다잖아."
"더 큰 수도 간단히 쓸 수 있어."

그럼 한번 세어볼까요? 수가 커지면 1초에 수 하나를 세기도 힘듭니다. 예를 들어 구천팔백칠십육만오천사백삼십이라는 수는 소리 내서 세려고 하면 1초로는 도저히 다 말할 수 없습니다. 하지만 귀찮으니까 여기서는 어쨌든 하나의 수를 말하는 데 1초가 걸리는 것으로 합시다. 그러면 1억을 세는 데 1억 초가 걸립니다! 1억 초는 며칠일까요? 1분은 60초니까 1시간은 3600초. 하루는 그 24배인 86400초입니다. 그러니까 1억 초는 100000000 ÷ 86400으로 대충 1157일, 즉 1억을 세려면 밤이나 낮이나 식사하는 동안이나 목욕할 때나 심지어는 잘 때에도(!) 1초에 하나씩 세었을 때 약 3년이 걸리게 됩니다.

"누구예요? 구석에서 수를 세고 있는 사람은."

"지루한 강의도 5400을 세면 끝나요."

이 3년이라는 시간을 길다고 볼지 짧다고 볼지는 사람에 따라 다를 테지만, 90세까지 산다고 치면 인생은 겨우 30억 초입니다. 그러고 보면 우리가 일상적으로 세는 수는 10 정도, 조금 많게 보더라도 기껏해야 100 정도라는 것을 알 수 있습니다. "소년은 쉬 늙고 학문은 이루기 어렵다(小年易老 學難成)"이지요.

그런데 하세가와 마치코의 인기 만화 『사자에 씨(サザエさん)』에는 이런 네 칸짜리 만화가 있습니다. 마스오 씨는 아무리 해도 잠이 안 와서, '수라도 세자'는 생각에 수를 세기 시작합니다.

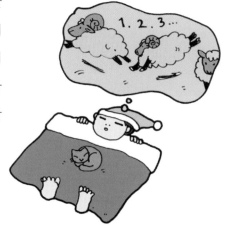

"1, 2, 3,…… 999, 1000,…… 1853."

갑자기 옆방에서,

"그 해에 페리 호 내항."

이라는 소리가 들립니다.

"가츠오, 너 아직 안 잤니?"
"내일, 역사 시험이에요!"

아무래도 마스오 씨는 1853까지 센 모양입니다. 1초에 하나씩 셌다고 치면 1853초는 대충 30분입니다. 제법 미묘한 시간이지요. 대부분의 사람은 100까지도 다 못 세고 잠들어버릴 겁니다. 저는 직업상 70명 정도의 사람을 가르칠 때도 있는데 출석을 확인하자면 시간이 꽤 걸립니다. 그러니 700조 엔에 이른다는 나라 빚 같은 걸 센다는 것은 거의 상상을 초월하는 일이지요.

양적인 방법도 좀 조사해볼까요. 가지고 있는 모눈종이에서 가장 작은 정사각형을 잘라내면 한 변의 길이가 1밀리미터인 정사각형이 나옵니다. 한 변이 1밀리미터인 정사각형이 1억 개 모인다면 어느 정도의 크기가 될까요? 한 변이 1센티미터인 정사각형

안에는 1밀리미터의 정사각형이 정확하게 1백 개가 들어 있습니다. 그리고 한 변이 1미터인 정사각형 안에는 1센티미터의 정사각형이 1만 개가 들어갑니다. 그러면 한 변이 1밀리미터인 정사각형은 한 변이 1미터인 정사각형 안에 1백만 개가 들어가겠지요. 이제 한 변이 10미터인 정사각형을 생각해봅시다. 그 안에는 한 변이 1미터인 정사각형이 1백 개가 들어가니까, 한 변이 1밀리미터인 정사각형은 정확하게 1억 개가 들어갑니다. 이것이 한 변이 1밀리미터인 정사각형을 1이라고 봤을 때의 1억이라는 수의 양으로서의 감각입니다.

전에 어느 수학교육 연구모임에서 실제로 이 1억이라는 수의 양을 시각적으로 느껴본 적이 있습니다. 무대 가득 한 변이 10미터인 정사각형이 놓여 있고 참가자 각자가 한 변이 1밀리미터인

정사각형과 비교하면서 1억이라는 수의 크기를 느껴보도록 하는 이벤트였습니다. 언제라도 좋으니까, 가능하다면 초등학교일 때가 좋겠는데, 1억이라고 표현되는 수의 크기를 실제로 느껴보는 경험을 해보면 아주 좋겠습니다.

> "흐-응, 1억 같은 건 별로 생각해본 적이 없는데, 그랬구나, 1밀리미터의 정사각형이 1억 개 모여서 한 변이 10미터의 정사각형이 되는구나."
> "확실히 실감이 가네."

이와 같이 수를 센다고 하지만 우리가 실제로 수를 세는 일은 의외로 적고, 셀 때에도 기껏해야 100을 넘어서지 않는 것이 보통입니다. 우리는 1억과 같은 수를 1에서부터 세지 않더라도 전혀 불편하지 않습니다. 그렇다면 그런 수를 아이들에게 가르칠 필요는 없는 걸까요? 그렇지 않습니다. 비록 일상생활 속에서 수를 세는 일이 없더라도 우리에게는 수가 필요합니다. 그건 수가 이 세계의 다양한 것을 표현해주기 때문입니다.

수가 세계를 표현한다, 이건 수의 가장 본질적인 역할인데도 사람들은 잘 의식하지 못합니다. 마치 늘 공기를 마시며 살다 보니까 공기를 의식하지 않고 살게 된 것처럼, 늘 우리가 수를 사용하여 세계를 표현하기 때문에 오히려 그 점을 의식하지 못하게 된 건지도 모릅니다.

그럼 여기서 수가 이 세계의 다양한 것들을 표현해준다는 게 어떤 의미인지 생각해봅시다.

수가 세계를 표현한다는 것

초등학교에 입학하면 우리는 수를 배웁니다. 그때 어떻게 수를 공부했는지 잠깐 되돌아봅시다. 교과서에는 여러 가지 그림이 나옵니다. 아이들이 놀고 있습니다. 세 명입니다. 접시 위에 사과가 놓여 있습니다. 세 개입니다. 주차장에 자동차가 세워져 있습니다. 세 대입니다. 이것들의 공통된 성질을 나타내는 수, 그것은 '3'입니다.

공통된 성질이란 뭘까요? 아이가 여자아이인지 남자아이인지, 사과가 빨간지 파란지, 혹은 멈춰 있는 차의 종류가 무엇인지는 공통된 성질이 아닙니다. 여기서 공통된 성질이란 '많고 적음'입니다. 수는 처음에는 물건의 많고 적음을 나타내는 눈금으로써 모습을 드러냅니다. 이와 같은 수를 '집합수' 혹은 '기수(基數)'

라고 합니다.

한 명과 두 명을 구별하려면 1과 2라는 개념을 익힐 필요가 있습니다. 세 명, 네 명도 마찬가지입니다. 혹시 네 명 이상인 사람은 뭉뚱그려 '많은 사람'으로 취급해버리는 사회라면, 수는 1, 2, 3, 세 개만 있으면 되고 그 이상은 '많다'로 표현할 겁니다. 그러나 사람들의 생활은 점점 복잡해져서 그 이상의 수를 구별할 필요가 생겼습니다. 개수가 다른 집합을 구별한다는 것은 수의 중요한 역할 중의 하나입니다.

이렇게 해서 1, 2, 3, …… 이라는 수가 생겨났습니다. 수학 용어로 1, 2, 3이라고 셀 수 있는 양을 '분리량(分離量)' 혹은 '이산 량(離散量)'이라고 합니다. 이 세계에는 많은 분리량이 있는데, 그것들을 세기 위해서는 1, 2, 3……과 같은 수가 있으면 됩니다. 이러한 수를 '자연수'라고 합니다.

자연수가 순서대로 늘어서서 하나씩 커져가는 건 당연한 일인 것처럼 보이지만, 실은 무척 중요한 일입니다. 아무리 큰 수라도 거기에 1을 더하면 하나 더 큰 수가 된다는 것은 수가 무한히 많다는 것을 말해줍니다. 이 세계에 실제로 존재하는 물체를 센다고 했을 때 그건 아무리 많이 있어도 유한이겠죠. 고대 그리스의 과학자이자 수학자인 아르키메데스(기원전 287~기원전 212)는 이

← 모래알

우주 안에 있는 모래알의 개수를 모두 세어보려고 했답니다. 엄청나게 큰 수가 되겠지요. 하지만 그것도 유한입니다.

수가 무한하다는 건 무척 개념적인 말이지만, 어찌됐건 초등학생이라도 나름대로 수가 무한하다는 개념을 이해하고 있습니다. 수가 무한히 많다는 개념을 아이들이 언제, 어떻게 획득하는지는 무척 흥미로운 일입니다.

자, 눈앞에 세야 할 것이 있을 때에는 자연수를 써서 그 상황(많고 적음의 상태)을 표현할 수 있습니다. 그냥 본 것만으로는 차이가 없어 보이지만 수를 세면 이쪽은 125명, 저쪽은 123명, 그러니까 이쪽에 두 명이 더 많다는 상황을 정확하게 파악할 수 있습니다. 이것이 수가 세계를 표현한다는 것에 대한 가장 소박한 설명입니다.

"듣고 보니 확실히 그런 느낌이군."

"수는 세계를 표현하기 위해 있는 거구나. 뭐 꼭 시험 점수만이 숫자는 아니야."

"그래요."

물건이 있으면 수를 센다는 것에 의미가 있습니다. 그러면 물건이 아무것도 없는 상태도 수로 나타낼 수 있을까요? 이 경우는 세야 할 대상이 없으므로 애초부터 세어보려는 동기가 생기지는 않겠지요. 그러므로 보통은 아무것도 없는 상태를 수로 나타내지 않을 겁니다. 그래서 옛날에는 이 교실에는 아무도 없다, 이 접시 위는 텅 비었다, 등을 수로 나타낸다는 것을 생각하기가 무척 힘들었습니다. 아무것도 없는데 왜 세냐는 거지요.

여기서 중요한 것은 아무것도 없다고 할 때 그것은 물건을 담을 그릇은 있지만 내용물이 없다는 발상입니다. 완전한 무라면 정말로 셀 필요가 없을 테니까요. 사람들이 '0'(제로)도 수라고 인식하기까지는 꽤 많은 시간이 걸렸습니다. 0이 언제쯤 발견됐는지는 그다지 확실하지 않습니다만 대체로 6세기경 인도에서 발견된 것으로 보입니다. 인도에서 발견된 0은 아라비아를 거쳐 유럽으로 전달되었습니다.

"0은 싫어."

"오, 어떻게든 시험에서 0점은 면해야 되는데……."

0도 수라고 인식하게 되면서 수의 세계는 무척 넓어졌습니다. 또한 큰 수를 나타내기가 무척 편해졌습니다. 이 점에 대해서는 나중에 시간을 내서 다시 얘기하겠습니다. 여기서는 수가 이 세계를 표현한다는 이야기를 계속하겠습니다.

물건의 개수를 나타내는 수로서 1, 2, 3, ……을 배우는 한편, 사람들은 이 세상에는 수로 나타낼 수 없는 양이 있다는 걸 알게 되었습니다. 그것은 길이, 무게, 물의 양 등입니다. 길이는 한 개, 두 개라고 말하지 않습니다. 길이는 셀 수 없습니다. 길이는 세는 것이 아니라 재는 겁니다.

여기에는 물건의 개수를 셀 때와는 다른 무척 중요한 관점이 숨어 있습니다. 길이를 잰다 하더라도 우리는 결국에는 1, 2, 3이라는 수를 사용합니다. 단, 이때에는 수를 이용하는 방법이 다릅니다. 즉 길이를 재는 행위는 어떤 단위를 정해놓고 재보려고 하는 '길이' 속에 정해진 단위가 몇 개 있는지를 '세는' 것입니다.

단위에는 여러 가지 종류가 있습니다. 나라마다 다를 수 있습니다. 과거 일본에서는 길이를 잴 때 척이라든가 촌 등의 단위를 사용했기 때문에 초등학생 때 1척은 *30.3*센티미터와 같다, 하는 식으로 단위 환산을 공부했습니다. 그러나 나라와 지역마다 제각각 서로 다른 단위를 사용하면 무척 불편하므로 지금은 전 세계에서 미터(*m*)라는 단위를 공통으로 정해놓고 사용하는 추세입니다. 1미터라는 단위는 처음에는 지구의 적도에서 북극까지의 거리의 천만 분의 일로 정했습니다(어떻게 측정한 걸까요).

"어떻게 측정했냐라니, 그야
줄자로⋯⋯."
"그럴 리 없지!"

지금은 더욱 엄밀해져서 빛이 1초 동안 나아가는 거리의 *299792458*분의 1로 하고 있습니다. 이것을 단위로 하여 다섯 개 단위의 길이라면 5미터, 열두 개 단위라면 12미터라는 식으로 길이를 잽니다. 즉 길이를 재는 행위는 그 길이 안에 포함되어 있는 '1미터 분량의 길이'의 개수를 세는 행위입니다. 길이처럼 단위를 설정해야 비로소 잴 수 있는 양을 '연속량(連續量)'이라고 합니다. 무게, 넓이, 부피 등은 모두 다 연속량입니다. 연속량이란 말 그대로 하나로 '이어져 있어서 끊

어지는 곳이 없는 양'이라는 뜻입니다. 이렇게 하여 연속량도 그 많고 적음(양)을 수로 표현할 수 있게 되었습니다. 이것이 수가 세계를 표현하는 두 번째 모습입니다.

그런데 이 잰다는 행위에는 분리량에는 없던 큰 문제를 발생시킵니다. 연속량에서는 '우수리'라는 것이 등장하기 때문입니다. 큰 개와 작은 강아지가 있을 때 보통은 개가 한 마리하고 조금 더 있다는 표현은 쓰지 않습니다. 분명하게 두 마리라고 하겠지요. 체구가 큰 엄마와 체구가 작은 아기가 있을 때에도 두 사람이라고 하지, 한 사람하고 약간 더 있다라고는 하지 않습니다.

그러나 길이에서는 그렇지 않습니다. 1미터를 단위로 해서 어떤 길이를 잰다고 해봅시다. 그런데 두 단위를 재고 났더니 남은 길이는 한 단위인 1미터가 안 됩니다. 즉 길이가 '2미터와 조금 더'였다고 합시다. 이 '조금'을 어떻게 표현할까, 하는 것은 무척 중요한 문제였습니다. 두 개의 길이를 비교하고 싶은데 양쪽 다 '2미터하고 조금'이라고 말하면 비교할 수가 없습니다. 그래서 이 '조금'을 나타내기 위해 단위를 더 세밀하게 나누었습니다. 이것이 소수(小數, 0과 1 사이의 실수)입니다.

1미터를 10등분한 단위를 1대시미터(dm), 1대시미터를 다시 10등분한 단위를 1센티미터(cm), 그것을 다시 10등분한 단위를 1밀리미터(mm)라고 합니다. 일본에서는 보통은 대시미터라는 단위를 사용하지 않고 10센티미터라고 말하는데, 이 대시미터라는 길이는 여러 가지 경우에서 딱 알맞은 크기이니만큼 좀 더 많이 썼으면 합니다.

여담인데 부피를 나타낼 때 쓰는 단위를 보면 리터(l)의 아래가 대시리터(dl), 그 아래는 건너뛰어 밀리리터(ml)를 씁니다. 센티리터(cl)라는 단위는 쓰지 않습니다. 이 부분은 아무래도 통일되지 않습니다. 내친 김에 크기 쪽에서는 10미터가 1데카미터(dm), 100미터가 1헥터미터(hm), 1000미터가 1킬로미터(km)인데 이쪽에서는 주로 킬로미터만 사용합니다.

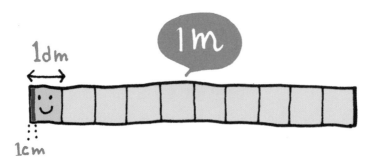

자, 이와 같이 10등분을 반복한 단위로 길이를 쟀더니, '2미터 하고 조금'이라는 길이가 2미터와 2대시미터와 3센티미터였다고 합시다. 이것을 소수로 표현하면 2.23미터라고 합니다. 숫자 2 다음에 찍어놓은 소수점은 거기가 기준 단위의 위치라는 걸 나타냅니다. 이렇게 해서 우리는 연속량을 잴 수 있게 되었습니다. 소수점을 사용함으로써 수가 표현할 수 있는 세계는 '개수'의 세계에서 연속량의 세계까지 비약적으로 넓어졌습니다.

　길이, 무게, 넓이, 부피 등만이 아니라 시간도 연속량이므로 마찬가지 방식으로 표현할 수 있습니다. 이것이 수가 세계를 표현한다는 말이 갖는 또 하나의 의미입니다. 소수를 써서 연속량을 나타내면 크기를 비교하거나 계산할 수 있습니다. 여기까지는 무척 순조롭습니다. 그러나 연속량을 다루게 되면 한 가지 더 어려운 문제가 생깁니다. 그 문제를 이야기하기 전에 먼저 수의 표현방식, 즉 '기수법'에 대해 조금 더 알아보겠습니다.

0과 기수법

우리가 현재 사용하고 있는 숫자는 0에서 9까지 10개입니다. 이 10개의 기호로 무한하게 많은 수를 모두 표현할 수 있습니다. 이것은 잘 생각해보면 굉장한 일입니다. 무한한 것을 유한 개의 기호로 표현하는 겁니다.

1, 2...10...100
I, II...X...C
壹, 貳...拾...百

시계의 문자판 등에는 종종 '로마숫자'라고 불리는 숫자가 사용됩니다. I, II, III이라든가 V, XII 등의 기호인데, 각각 1, 2, 3, 5, 12를 나타냅니다. 이국적인 이미지 때문인지 시계만이 아니라 여러 곳에 장식으로 사용되곤 합니다. 가볍게 생각하면 이러한 숫자 표현방식은 사용하는 데 아무런 불편이 없을 것 같지만, 그렇지 않습니다. 로마숫자(또는 한자숫자)로 수를 표현하는 것에는 큰 결함이 있습니다.

로마숫자에서는 10을 X로 씁니다. 30은 **XXX**로 X를 세 개 늘어놓아 표현합니다. 그럼 100은? X를 열 개 늘어놓아 표현하면 되겠지만, 너무 힘들기 때문에 C라는 기호를 사용합니다. 50은 L이라고 쓰고, 367은 CCCLXVII로 씁니다. 조금씩 알 것 같나요? 1000을 나타내려면 C를 열 개 늘어놓아야 해서 이것도 힘들므로 500을 D, 1000을 M으로 표현합니다. 이리하여 로마숫자나 한자숫자에서는 수가 커지면 커질수록 차례차례 새로운 기호를 마련해야 했습니다. 수는 무한하게 있습니다. 그러므로 기호의 수도 끝없이 늘어나게 됩니다.

> "뭐? 말도 안 돼. 단 한 개의 기호 I로 모든 수를 나타낼 수 있어. 봐, 3이면 III, 5라면 IIIII라고 쓰면 되잖아."

맞습니다. 기호 I만으로 모든 수를 나타낼 수 있습니다. 그러면 367을 표현해주세요.

"......"

분명히 기호 I만으로 모든 수를 나타낼 수는 있습니다. 그러나 그렇게 하면 수를 나타내는 기호의 길이가 엄청나게 길어져서 결국에는 읽지도 못할 쓸모 없는 기호가 됩니다. 그래서 로마숫자에서는 I를 10개 쓰는 대신에 X라고 쓰고, I를 100개 쓰는 대신에 C라고 썼던 겁니다. 하지만 이렇게 해도 역시 기호는 자꾸자꾸 늘어납니다.

현재 사용되는 '아라비아 숫자'는 단 10개의 기호로 어떤 수라도 표현할 수 있습니다. 게다가 표현방식도 간결하고 합리적이며 무척 편리합니다. 그럼 어떻게 무한하게 있는 숫자를 단 10개의 기호로 표현할 수 있었던 걸까요. 여기에는 0이라는 수가 매우 큰 역할을 했습니다.

로마숫자의 X나 C, 혹은 한자숫자의 十, 百은 본래 어느 경우에서라도 같은 숫자를 나타냅니다. 113을 한자숫자로는 보통은 百十三이라고 씁니다만, 이것은 十과 百과 三이라고 써도 같은 숫자를 나타냅니다. 즉 百이라는 한자는 그 자체가 100이라는 수를 나타내고 있고 본질적으로는 어느 위치에 써 있더라도 같은 수를 나타냅니다. 그러나 아라비아 숫자의 1은 위치하는 자리에 따라 나타내는 수가 달라집니다. 셋째 자리에 쓰여 있는 1은 一이 아니라 百을 나타냅니다. 이것이 '자리값 기수법'의 원리입니다. 이렇게 113은 1과 1과 3이 아니라 실제로는 1×100+1×10+3을

나타내는 수입니다. 이런 방법으로 수를 표시할 때에는 아무래도 비어 있는 자리를 나타내는 0이 필요합니다.

0은 분명 아무것도 없는 것을 나타내는 신기한 기호입니다. 아무것도 없다면 수로 나타낼 이유가 없지 않을까요? 하지만 0은 단지 아무것도 없다가 아니라 '그릇은 있는데 내용물이 없다', 즉 그 장소가 텅 비었다는 것을 나타내는 기호입니다.

0은 또한 출발점을 나타내기도 하는데, 그것은 또 다른 주제입니다. 우리는 빈자리를 나타내는 기호 0을 갖게 됨으로써 자리값 기수법이라는 수의 표현방식을 쓸 수 있게 되었습니다. 그러므로 초등학교에서 수를 배울 때 10이라는 수를 배우기 전에 0을 배워야 했던 것입니다.

아라비아 숫자의 10은 한자의 十과 달라서 그 자체가 단독으로 '십'이라는 크기를 나타내는 것이 아니라, 십자리의 1과 일자리의 0이 결합된 기호입니다. 마찬가지로 36이면 십단위 세 개와 1단위 여섯 개를 합한 수를 나타내며, 205라면 백단위 2개와 10단위 0개, 1단위 5개를 합한 수를 나타냅니다. 이 자리값 기수법의 사고방식을 익히는 것은 초등학교 수학의 가장 큰 목표 중의 하나입니다.

자리값 기수법이 지닌 또 하나의 중요한 기능은 이 시스템 덕분에 계산이 무척 편해졌다는 겁니다. 로마숫자와 한자숫자로 계산을 해보세요. 무척 어렵습니다. 아니, 아예 계산할 수가 없을 정도입니다. 그래도 덧셈은 어떻게든 됩니다. 그건 로마숫자나 한자숫자에서는 원리적으로 기호를 늘어놓으면 덧셈이 되기 때문입니다.

$$XX\,VII\ +\ XXX\,VIII\ =\ XXXXX\,VVIIIII$$

이것은,

$$27 + 38 = 65$$

입니다. 물론, 로마숫자에서는 마지막 결과를 한 번 더 고쳐 쓸 겁니다.

그럼 곱셈은 어떨까요. 시험 삼아, 아래 문제를 계산해보세요.

$$XX\,VII\ \times\ XXX\,VIII\ =\ ?$$

아라비아 숫자에서는,

$$27 \times 38 = ?$$

입니다. 가로쓰기로는 아라비아 숫자라도 계산하기 힘든가요? 그럼 양쪽 모두 '세로 계산'으로 계산해보세요.

$$
\begin{array}{r}
\text{XXVII} \\
\times\ \text{XXXVIII} \\
\hline
????? \\
\end{array}
$$

$$
\begin{array}{r}
27 \\
\times\quad 38 \\
\hline
216 \\
+\quad 81\ \ \\
\hline
1026 \\
\end{array}
$$

"정말, 해보지는 않았지만, 로마숫자로 써놓으면 계산할 수가 없어!"

"한자로 써놓아도 계산이 잘 안 돼."

"아라비아 숫자로 쓰면 잘할 수 있어. 감동인걸."

　로마숫자로는 세로로 써봐도 계산할 수가 없지만, 아라비아 숫자로는 멋지게 계산할 수가 있습니다. 이것이 자리값 기수법의 위력입니다. 곰곰이 생각해보면 초등학교 3학년쯤만 되어도 아이들이 이런 복잡한 계산 기술을 구사할 수 있다니 무척 놀랍습니다.

　아라비아 숫자를 사용하지 않던 옛날에는, 계산할 줄 안다는 것은 하나의 특권이었습니다. 많은 사람이 계산 능력을 지니게 됐다는 사실이 우리 사회의 민주화를 촉진했다라고 말할 수 있지 않을까요? 수가 세계를 표현하는 하나의 방법이라면, 수를 사용한 계산으로 이 세계를 더 잘 이해할 수 있게 될 테니까요.

이 예에서는 0이 들어가 있지 않지만 세로 계산에서 0의 활약은 대단합니다. 어느 자리에 0이 있는가를 확인함으로써 270×308과 207×380을 정확히 구별할 수 있게 되며, 한자리 수의 곱인 구구단만 알고 있으면 여러 자리 수의 곱셈도 얼마든지 할 수 있습니다. 위에서 예를 든 곱셈 27×38을 분해해보면 다음과 같습니다.

$$27 \times 38 = (7 + 2 \times 10) \times (8 + 3 \times 10)$$
$$= \{(7 \times 8) + (2 \times 10 \times 8)\} + \{(7 \times 3 \times 10)$$
$$+ (2 \times 10 \times 3 \times 10)\}$$
$$= (56 + 160) + (210 + 600)$$
$$= 216 + 810$$
$$= 1026$$

```
           27
    ×      38
        (  56 )
        ( 160 )⌍........ 27 × 8의 계산 결과
          216 ↙
        ( 210 )
        ( 600 )⌍........ 27 × 30의 계산 결과
    +     810 ↙
         1026
```

어떤가요. 상당히 복잡한 계산입니다. 이 복잡한 계산을 '세로

계산'이라는 기술로 거의 기계적으로 해내는 것이 초등학교 3학년입니다. 그러고 보니 아이들의 계산 능력이 참 대단하네요.

> "자알 생각해보니까, 난 그때 이후로 계산 능력이 늘어나지 않는 것 같아."
> "말도 안 돼. 너의 계산 능력은 착실하게 늘어나고 있으니까 안심해."

자리값 기수법은 너무나 자연스럽고 당연한 수의 표현방식이라서 보통은 별 생각 없이 사용합니다. 또한 지금은 전자계산기가 너무 많이 보급되어 있어서 학교를 졸업하면 수식을 사용해 계산해볼 기회가 좀처럼 없습니다. 사실 수식을 사용해 4자릿수×4자릿수를 계산하자면 제법 힘듭니다. 그러므로 전자계산기를 잘 사용하는 건 실생활에서는 무척 중요한 일입니다.

그러나 앞에서 보았듯이 0을 쓴 자리값 기수법과 수식을 사용한 계산의 기술은 인류가 수학의 역사 속에서 일구어낸 매우 중요한 발견 가운데 하나입니다. 아이들은 종이와 연필을 이용하여 계산할 수 있게 됨과 동시에, 계산이라는 절차 속에 녹아 있는 수학적인 구조를 경험하게 됩니다. 수식을 이용한 계산에는 암산으로는 잘 알 수 없는 계산의 시스템이 들어 있습니다. 이 사실을 잘 음미해보기 바랍니다.

무리량과 무리수

지금까지 0을 사용한 자리값 기수법과 그것을 사용한 계산의 기술에 대해 생각해봤습니다. 그럼 연속량을 소수를 사용하여 표현할 때 생기는 문제는 무엇일까요? 이 문제를 생각해보기 위해 양으로 돌아가보겠습니다. 여기서는 길이를 예로 들어보겠습니다.

두 개의 길이 A와 B가 있고 A의 m배와 B의 n배가 같을 때, 즉,

$$mA = nB$$

로 되는 정수 m, n이 있을 때, 'A와 B는 통약 가능(약분 가능, *commensurable*)'하다고 합니다. 양변을 m으로 나눠보면,

$$A = \frac{n}{m} B$$

라는 식이 됩니다. 이 식의 의미를 생각해보겠습니다.

이 식은 양 A가 양 B를 단위로 하여 재면 그 $\frac{n}{m}$ 배가 된다는 뜻입니다. 즉, 양 B를 단위로 하면, 분수를 사용해서 양 A를 잴 수 있다는 것입니다. 혹은 길이 A, B에는 양쪽을 정확히 잴 수

있는 단위(그 크기는 $\frac{A}{n} = \frac{B}{m}$)가 있으며 이것으로 재면 A는 n개로, B는 m개로 나뉜다는 것을 의미합니다.

이것은 분수라는 수가 지닌 가장 근원적인 의미 가운데 하나인데, 여기서는 조금 다른 지점에서 '통약 가능'이라는 현상을 살펴보겠습니다.

"나, 선생님 강의 통역 불능."

"내 강의가 그렇게 이해하기 어렵니?"

두 개의 양 A와 양 B가 통약 가능하고 B와 다른 양 C가 역시 통약 가능하다고 할 때,

$$mA = nB, \quad lB = kC$$

가 성립되는 정수 m, n, l, k가 있습니다. 이 때 lnB를 매개로 삼으면(왼쪽 식 양변에 l을 곱하고 오른쪽 식 양변에 n을 곱하면 각각 $lmA=lnB$, $lnB=knC$가 된다.-옮긴이)

$$lmA = lnB = nkC$$

로 되며, lm, nk는 정수이므로 양 A와 양 C도 통약 가능하게 됩니다. 즉, 양 C를 단위로 설정하면 양 A, 양 B는 제각각,

$$A = \frac{nk}{lm}C, \quad B = \frac{k}{l}C$$

로 되어, A, B를 분수 $\frac{nk}{lm}$와 $\frac{k}{l}$로 나타낼 수 있습니다.

재미있는 사실은 만약 모든 길이가 통약 가능하다면 어떤 한 개의 양을 단위로 정하고 모든 길이를 그 단위에 대한 분수값으로 나타낼 수 있다는 겁니다. 고대 그리스의 피타고라스학파(피타고라스 교단이라고도 합니다) 사람들은 이렇게 생각했습니다.

"이 세계는 많은 단위를 필요로 하지 않는다. 모든 양은 통약 가능하며 단 한 개의 단위만 정하면 이 세계의 모든 것을 다 잴 수 있다. 세계는 무척 단순하고 깔끔한 구조를 갖고 있다."

피타고라스(기원전 582~496)

이 생각은 어떤 의미에서는 무척 매력적인 세계관입니다. 초등학생은 말하자면 바로 이런 세계관 속에서 살고 있다고 해도 좋겠지요. *cm*이나 *mm*, *km* 등은 모두 *m*(미터)를 단위로 한 길이 표현입니다(*c*=*centi*=1/100, *m*=*milli*=1/1000, *k*=*kilo*=1000/1−옮긴이). 이와 같이 어떤 단위를 설정했을 때 그 단위와 통약 가능해지는 양, 즉 그 크기를 분수로 표현할 수 있는 양을 그 단위에 대한 '유리량(有理量)'이라고 합니다. 이 세계가 유리량으로만 되어 있다면 우리는 전 세계 공통의 단위를 설정함으로써 모든 길이를 정확히 재고 비교할 수 있을 겁니다. 이것이 피타고라스학파 사람들이 꿈꾼 이상적인 세계였습니다.

　그런데 아쉽게도 혹은 흥미롭게도 이 세계는 그렇게 단순하지 않습니다. 서로 간에 통약되지 않는 길이, 즉 단위를 어떻게 설정해도 한쪽을 분수로 표현하면 다른 한쪽은 분수로 표현할 수 없게 되는 길이의 짝이 존재했던 겁니다. 어떤 단위에 대해 통약 불능해지는 양, 즉 그 단위로는 크기를 분수로 표시할 수 없는 양을 '무리량(無理量)'이라고 합니다.

　세계를 수로 표현한다는 목표는 이 지점에 와서 큰 벽에 부딪쳤습니다. 아이러니하게도 이 길이는 피타고라스학파를 상징했던 '펜터그램(정오각별)' 속에 숨어 있었습니다. 하지만 대부분의 사람들이 맨 처음 만나는 무리량은 정사각형의 한 변과 그 대각선입니다. 정사각형의 한 변과 대각선은 서로 간에 통약 불가능한 길이입니다. 한 변의 길이가 1인 정사각형의 대각선은 도저히 분수로 표현할 수 없어서 $\sqrt{2}$라는 기호로 표현하게 되었습니다.

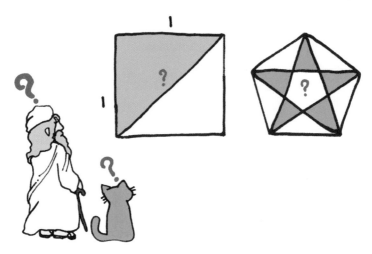

$\sqrt{2}$는 '무리수'입니다. 즉 분수로는 표현할 수 없는 무리량을 표현하기 위해 무리수가 등장한 겁니다.

무리수는 조금 깊이 생각하면 무척 신기한 수입니다. 무리수의 대표 $\sqrt{2}$에 대해 생각해봅시다.

중학생 이상이라면 당연히 $\sqrt{2}$라는 수를 '안다'고 생각할 겁니다. 그것이 단위 정사각형(한 변의 길이가 1인 정사각형)에서 대각선의 길이라는 것도 알고 있겠지요. 정사각형의 대각선이라는 구체적인 길이이므로 $\sqrt{2}$라는 수가 이 세상에 '있다'는 것은 의심할 여지 없는 사실입니다. 그러나 우리는 그 길이가 어떠한 수치로 표현되는지 정확하게 알 수 없습니다.

"어, 글쎄 그 길이는 $\sqrt{2}$잖아요?"

네, 그렇습니다. 하지만 $\sqrt{2}$는 뭘까요?

"으음, 2제곱하면 2가 되는 수입니다."

맞습니다. $\sqrt{2}$는 '2제곱하면 2가 되는 수'라는 일상언어를 기호로 간결히 표현한 것입니다. 하지만 여기서 물어보는 건 기호의 의미가 무엇이냐가 아니라 그것이 숫자로는 어떻게 표현되느냐 하는 겁니다. 대충 1.4정도인가요? 하지만 1.4의 제곱은 1.96으로 2에 조금 못 미칩니다. 우리는 $\sqrt{2}$라는 수를 $\sqrt{2}$

=1.41421356……이라고 기억하고 있습니다만 이것은 어디까지나 근사치이며, …… 이하는 무한히 계속됩니다.

이 무한히 계속되는 꼬리의 끝은 어떻게 되어 있을까요? $\sqrt{2}$의 마지막 자릿수의 수는 짝수일까요, 홀수일까요? 물론 $\sqrt{2}$의 마지막 자릿수는 없기 때문에 그것을 본 사람은 아무도 없습니다. 무한히 계속된다는 건 그런 겁니다. 이 무한히 계속되는 수열을 단 하나의 기호 안에 담아서 마치 한 개의 수처럼 다루는 방법을, 수학은 발명했던 겁니다.

"수처럼이라니, $\sqrt{2}$는 수가 아니라는 말인가요?"

"당연히 수지."

조금 어려운 질문입니다. $\sqrt{2}$는 분명 수인데, 이 수는 1, 2, 3이라든가 $\frac{1}{2}$ 등과 같이 정해진 값에 의해 크기가 결정되는 수가 아니라 '2제곱하면 2가 된다'라는 성질로 규정된 수입니다. 물론 신이라면 이 값이 무엇인지 정확히 알지도 모릅니다. 그러나 우리 인간은 이 값이 몇인지 정확히 알 수 없습니다.

이 세계에 무리량이라는 양이 존재함으로써 우리는 수를 값이 아니라 성질로 취급하게 되었습니다. 이것 역시 우리가 사는 세계의 다양성을 나타내는 것이라고 해도 좋겠지요. 세계를 수로 표현하는 게 조금 귀찮게 됐다고 할 수 있겠지만, 한편으로는 수의 세계를 한층 풍부하고 재미있게 만들었다고도 할 수 있습니다. 세계가 우리 생각보다 훨씬 복잡하고 의미심장하며 재미있다는 얘기겠지요.

분수 이야기를 더 하자면, 어떤 분수라도 소수로 표현하면 유한소수 혹은 순환하는 '무한소수'가 됩니다. 거꾸로 유한소수나 순환하는 무한소수는 모두 분수로 나타낼 수 있습니다. 다음과 같이 생각하면 알 수 있습니다.

즉 분수의 $\frac{a}{b}$ 는 $a \div b$를 나타내기도 하는데, 이때 a를 b로 나누었을 때 바로 나눠 떨어지면 몫이 정수가 됩니다. 그러나 바로 나눠지지 않을 때는 나머지는(나눠지지 않기 때문에) 1에서 $b-1$ 사이의 수가 됩니다. 이 경우 소수점 이하의 나눗셈을 최대 b번 반복하면, 그 안에 나누어 떨어지든지(즉 몫이 유한소수가 되든지), 아니면 처음 나온 나머지와 같은 수가 다시 나와서 거기서부터 그 다음은 같은 계산을 반복하는, 즉 순환소수가 됩니다.

거꾸로 어떤 순환소수를 다음과 같이 분수로 고칠 수도 있습니다. 여기서는,

$$a = 123.456789456789456789\cdots$$

을 분수로 고쳐보겠습니다. 다른 순환소수의 경우도 방법은 완전히 똑같습니다. $a \times 1000000$을 계산하면,

$$1000000a = 123456789.456789456789\cdots$$

로 되고,

$$1000000a - a = 123456789.456789456789\cdots$$
$$-123.456789456789\cdots$$
$$= 123456666$$

이므로,

$$999999a = 123456666$$

으로 되어서, 양변을 999999로 나누면,

$$a = \frac{123456666}{999999}$$

로 분수가 됩니다. 여기서 순환소수는 무한소수라는 사실을 염두에 두세요.

　이에 비해 무리수는 분수로 나타낼 수 없는 수, 즉 유한소수도 안 되고 순환소수도 안 되는 수입니다. 즉 유한소수로도 순환소수로도 되지 않는 무한소수라는 겁니다. 순환하지 않는 무한소수라고 하니까 매우 골치 아플 것 같지만 실은 쉽게 만들 수 있습니다. 순환하지 않는다는 것과 규칙성이 없다는 건 다른 말입니다. 순환한다는 것은 확실히 규칙이 있다는 이야기이지만, 규칙이 있어도 순환하지 않는 무한소수 역시 쉽게 만들 수 있습니다. 몇 가지 예를 들어봅시다.

1.234567891011121314151617181920 21……
1.0100100010000100000 1……

등은 어느 것이나 분명한 규칙성을 갖고 있습니다. 그래서 그 규칙을 사용하여 이 두 소수의 소수점 이하 몇 자리가 어떤 수인지 말할 수 있습니다. 하지만 이 두 소수는 순환하지 않는 무한소수입니다. 그래서 둘 다 무리수가 되는 겁니다. 대부분의 사람들은 무리수라고 하면 규칙이 없는 무한소수인 $\sqrt{2}$라는 수를 처음으로 만나므로 순환하지 않는다는 것과 규칙성이 없다는 것을 혼동하는 일이 많은데 주의해둡시다.

앞서 말했듯이 무리수를 발견함으로써 수로 나타낼 수 있는 세계는 비약적으로 확대됐습니다. 분수로 나타낼 수 있는 수를 '유리수'라고 하며, 유리수와 무리수를 합쳐서 '실수'라고 합니다. 사실 이 세계에 존재하는 거의 대부분의 양은 무리량이라는 걸 우리는 알고 있습니다. 우리가 무리수라는 신기한 수를 본격적으로 만나는 건 '피타고라스 정리'를 배우는 중학생 무렵입니다. 하지만 실은 초등학생일 때 그보다 더 유명한 무리수를 이미 만났습니다. 그것은 바로 원주율 π(파이)입니다.

원주율이라는 이름의 무리수

원은 옛날부터 잘 알려진 예쁜 곡선입니다. 원이란 어떤 곡선일까요?

"원이 뭐긴, 둥근 모양이잖아?"

네, 둥근 모양인데, 둥글다는 건 어떤 의미일까요. 둥글다는 건, 네, 거기 학생, 대답해볼래요?

"……, 뾰족하지 않은, 모서리가 없는 모양입니까?"

모두 '동글동글'

하지만, 모서리가 없는 모양이라면 주먹밥 모양이나 타원형에도 모서리가 없습니다. 초등학생이 되었을 때 처음에는 원을 '동그란 모양'이라고 배우는 모양인데, 수학에서는 조금 더 정확히 정의하고 있습니다.

보통은,

어떤 점에서 같은 거리에 있는 점의 집합이 만드는 모양

이라고 정의합니다. 이 '어떤 점'을 원의 중심이라고 하며, '같은 거리'를 원의 반지름이라고 합니다. 컴퍼스라는 도구는 이러한 성질을 이용하여 원을 그립니다. 중심에 바늘을 꽂고 일정하게 벌려서 빙그르르 한 바퀴 돌려 원을 그립니다.

그런데 원의 성질 중에는 너무 당연해서인지 사람들이 별로 의식하지 못하는 중요한 성질이 있습니다. 그게 뭘까요? 그것은 '모든 원은 닮은꼴'이라는 겁니다. 크기가 다른 원을 두 개 잘라내서 양손에 들고 한쪽 눈을 감고 두 개의 원이 겹쳐지게 원을 평행으로 바라보면 두 원은 딱 겹쳐집니다. 원이 닮은꼴이기 때문입니다.

두 원이 닮은꼴이기 때문에 일어나는 웅장한 현상을 알고 있나요? '개기 일식'입니다. 달과 태양은 크기가 매우 다르지만 거리의 차이가 있어서 달이 태양을 완전히 덮어 가릴 수 있습니다.

모든 원이 서로 닮은꼴이라는 데에서 다음과 같은 사실, 즉 원의 지름을 두 배로 하면 원둘레의 길이도 두 배가 된다는 사실

도 성립합니다. 일반적으로 지름을 a배로 하면 원둘레의 길이도 a배가 됩니다. 따라서 모든 원에 대해서

$$원둘레/지름 \;=\; 일정$$

이 성립합니다. 이 값은 지름 1인 원의 원둘레 길이와 같은데, 이 값을 '원주율'이라고 하며 보통은 기호 π로 나타냅니다. π는 그리스어의 p에 해당되며 둘레라는 단어($perimeter$)의 머리글자입니다. 물론 지름은 반지름 r의 두 배이므로,

$$원둘레/2r \;=\; \pi$$

로 되며, 분모를 없애면 잘 아는 원둘레 길이의 공식,

$$원둘레 \;=\; 2\pi r$$

을 얻을 수 있습니다.

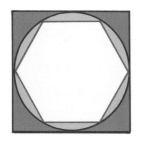

π의 값이 대충 3이 된다는 건 옛날부터 잘 알려져 있었지만, 지름 1인 원에 내접하는 정육각형의 둘레의 길이가 3이므로 3은 π보다 조금 작은 값입니다. 또한 지름이 1인 원은 한 변이 1인 정사각형에 내접하므로 π의 값은 4보다는 작다는 것을 알 수 있습니다. 그러면 π의 크기는 정확히 얼마일까요?

"원둘레의 길이는 이 세계에 실제 존재하는 길이니까 정확히 잴 수 있지 않나요?"

"예를 들면 원 주위로 실을 두른 다음 그것을 쫙 펴서 길이를 잰다든가."

과연, 그런 생각도 분명히 할 수는 있습니다. 하지만 여기까지 강의를 똑똑히 들은 여러분은 '잰다'는 행위는 어떤 단위를 설정했을 때에 그 양이 설정한 단위와 통약 가능해지느냐 어떠냐로 결정된다는 것을 알고 있을 겁니다.

원둘레의 길이라는 양은 현실에 존재하는 게 분명합니다. 하지만 그것을 정확한 수치로 표현할 수 있으려면 그 길이가 길이를 재는 단위(양)와 통약이 가능한 양이어야 합니다. 일반적으로 우리는 지름의 길이(혹은 반지름의 길이)를 단위로 설정합니다. 그런데 원둘레의 길이는 이 지름(혹은 반지름)의 길이라는 단위와 통약이 되지 않습니다. 즉 원주율은 지름이라는 단위에 대하여 무리수라는 겁니다.

이 사실은 요한 람베르트(1728~1777)라는 수학자가 18세기 중반에 증명했습니다. 아쉽게도 증명은 $\sqrt{2}$가 무리수라는 것을 증명하는 것보다는 쉽지 않습니다. 그 이전에도 많은 수학자들이 π값의 근사치를 계산했습니다. 이 근사치는 원리적으로는 원에 내접하는 정다각형 둘레의 길이를 끈기 있게 계산해가면 구해질 터인데 이거야말로 '말하기는 쉬워도 행하기는 어렵다'에 해당하는 문제였습니다. 유명한 값으로는 아르키메데스(기원전 287~기원전 212년경)가,

$$3\frac{10}{71} < \pi < 3\frac{10}{70}$$

라는 계산을 남겼습니다. 이것은,

$$3.140 < \pi < 3.142$$

라는 것이므로, 지금 우리가 통상적으로 사용하는 원주율의 값은 기원전 250년경에 이미 알려져 있었다는 걸 알 수 있습니다. 아르키메데스는 이 값을 원에 내접(및 외접)하는 정96각형의 둘레의 길이를 계산해서 얻어냈다고 합니다. 또한 중국 남북조 시

대의 저명한 수학자 조충지(429~500년경)는 5세기경에,

$$3.1415926 < \pi < 3.1415927$$

라는 값을 구했습니다(조충지는 π의 유리근사값 $\frac{355}{113} \fallingdotseq 3.1415929..$를 제시하기도 했다.—옮긴이)

흥미 있는 독자를 위해 원주율과 관계된 깔끔한 공식을 몇 개 소개해두겠습니다.

비에트의 공식
$$\frac{\pi}{2} = \cfrac{1}{\sqrt{\frac{1}{2}}\sqrt{\frac{1}{2}+\frac{1}{2}\sqrt{\frac{1}{2}}}\sqrt{\frac{1}{2}+\frac{1}{2}\sqrt{\frac{1}{2}+\frac{1}{2}\sqrt{\frac{1}{2}}}}\cdots\cdots}$$

월리스의 공식
$$\frac{\pi}{2} = \frac{2\cdot2\cdot4\cdot4\cdot6\cdot6\cdot8\cdot8\cdot10\cdot10\cdots\cdots}{1\cdot1\cdot3\cdot3\cdot5\cdot5\cdot7\cdot7\cdot9\cdot9\cdot11\cdot11\cdots\cdots}$$

라이프니츠의 공식
$$\frac{\pi}{4} = 1 - \frac{1}{3} + \frac{1}{5} - \frac{1}{7} + \frac{1}{9} - \cdots\cdots$$

"잘은 모르겠지만 깔끔한 식이네."

"선생님이 때때로 자기도 잘 모르는 식을 써서 학생을 현혹시 킨다던데, 이 식이 바로 그건가."

"그럴지도 몰라."

π = 3.14159265358979323846264338327950288419716939937510582097494459230781640628620899862803482534211706798214808651328230664709384460955058223172535940812848111745028410270193852110555964462294895493038196442881097566593344612847564823378678316527120190914564856692346034861045432664821339360726024914127372458700660631558817488152092096282925 40……

　이런 값을 계산해봐야 실용적인 가치는 없지만 컴퓨터 성능 시험이나 혹은 프로그래밍 기술 개발 차원에서는 나름대로 의미가 있는 모양입니다(2011년 현재 π의 값은 컴퓨터를 사용하여 5조 자리 이상까지 계산했다.-옮긴이).

　오래 전 일인데 일본의 한 초등학교에서 원주율을 3이라고 가르친다고 해서 도마에 오른 적이 있습니다. 다소 오해가 있었던 모양인데, 실제로는 초등학교에서도 원주율이 무한히 계속되는 수이며 계산할 때에는 보통 3.14를 사용한다고 가르쳤습니다.

　다만 그때의 학습지도 요령에서 초등학교에서는 소수점 이하 두 자리의 계산은 다루지 않는다고 해서 원주율은 3으로 잡고 계산하자고 했다는 것이 사건의 진상인 모양입니다.

　원주율을 대충 3으로 기억하는 건 매우 의미 있는 일입니다. 원둘레의 길이가 지름의 세 배보다 조금만큼 길다고 느끼는 건 사실에 가까운 감각이기 때문입니다. 즉 원은 한 번 굴리면 지름의 세 배보다 약간 더 긴 거리를 움직입니다. 시험 삼아 청량음료수 캔 등을 굴려서 한 번 굴렸을 때 어느 정도의 거리를 움직이느지 관찰해보세요.

"옛날에, 어느 나라 의회에서 원주율은 3이라고 결정하려고 한
적이 있었대."
"정말? '믿거나말거나'의 세계 같군."

최후의 수, 복소수

우리는 자연수에서 출발하여 무리수를 포함한 실수의 세계까지 살펴봤습니다. 여러분, 지금까지 강의를 들으니까 수가 이 세계에 '존재한다'는 것의 의미가 조금씩 보이기 시작하나요?

"으−음, 왠지 지금까지 공부해온 수에 대해 되돌아보면서 정말 그렇구나 하는 생각이 들기는 하네."

"센야마 선생님의 강의안에는 안 셈 치자라고 써 있었는데."

"잠깐. 그거 학생들을 무시하는 표현 아닌가?"

"그래, 넌 안 셈이라도 된 거야?"

"……."

수는 사람이 이 세계를 표현하고 이해하기 위해 만들어낸 추상적인 개념입니다. 예를 들어 수 2라는 것이 이 세계에 있는 게 아니라, 수 2로 표현되는 무언가가 이 세계에 있는 겁니다. 그런 의미에서는 수 2는 존재하지 않는다(!)라고도 말할 수 있습니다.

앞에서 말한 무리수도 그런 수였습니다. 원둘레의 길이는 존재합니다. 그러나 그것을 지름을 기준으로 하여 재려고 하면 잴 수가 없습니다. 그래서 수학에서는 그 '수'를 π라는 문자로 나타내기로 했습니다. 어찌 됐거나 실수는 물건의 개수나 순서, 길이, 면적, 체적 등의 크기를 표현할 목적으로 만들어졌습니다. 그러나 수가 이 세계를 표현하는 수단이라면 그런 게 아닌 다른 뭔가를 표현하는 수가 있다고 해도 조금도 이상할 게 없습니다. 개수나 크기 같은 게 아닌 '다른 뭔가'에 해당하는 것을 예로 들자면 '이동'을 들 수 있습니다. 여기서는 이동을 표현하는 수로서의 허수와 복소수에 대해 설명해보겠습니다.

"허수는 아무리 해도 잘 모르겠어."
"글쎄 허수라고 말할 정도니, 이 세상에 없는 수잖아. 그런 수를 공부해서 뭐하지?"

과연, 그런 식으로 생각하는 것도 무리가 아닙니다. 영어에서는 허수를 *imaginary number*, 즉 상상의 수, 가상의 수라고 합니다. 뭔가 존재하지 않는 수라는 말처럼 들립니다. 하지만 한번 더 잘 생각해보세요. 앞에서 설명했듯이 사람들은 이 세계에 있는 무언가를 표현하기 위해 수를 생각해냈습니다. 실수가 표현하고자 한 것은 '물건의 많고 적음, 크기, 양'처럼 실제로 손으로 만질 수 있는 대상이었습니다. 그러나 2.3이라는 수 그 자체는 손으로 만질 수 있는 게 아닙니다. 2.3이 나타내고 있는 대상, 예를 들어 그런 길이를 가진 막대기를 만져볼 수 있다는 겁니다.

"하지만 말이야, 이렇게, 휙 하고 선을 긋고 이 수직선 위에 점을 찍으면 이것이 수 2.3이야! 선생님. 수 2.3 그 자체를 찾아냈어요!"

2.3은 여기에...

아, 그건 무척 좋은 생각입니다. 우리는 수직선을 긋고 그 위에 수를 표현하는데 그것은 어떤 원리에 의한 것인가 하면······.

"선생님, 자, 잠깐만요. 어쩐지 알 것 같아요. 수직선 상에 수를 나타낼 수 있다는 것은 결국 실수를 선의 길이로 나타내고 있다는 거죠!"

오오, 2년 만에 그런 걸 이해하다니 훌륭하군요.

"2년 만이라니, 말도 안 돼요. 분명히 작년에도······."

아니 아니, 그 얘기는 나중에 하기로 하고 지금 알게 됐듯이 수직선 상에 수를 표현한다는 건 수 그 자체를 눈에 보이게 나타내는 방법입니다. 말하자면 수를 선분의 길이로 표현한 겁니다. 특히 방향을 가진 수직선을 사용한 것이니 마이너스 수도 표현할 수 있습니다. 이 사실을 염두에 두고 허수에 대해 생각해봅시다.

a, b를 실수라고 할 때 1차 방정식 $ax+b=0$은 $x = -\dfrac{b}{a}$ 라는 해가 있습니다. 그런데 a, b, c가 실수일 때 2차 방정식 $ax^2+bx+c=0$은 실수의 해를 갖지 않는 경우가 있습니다. 가장 간단한 예는,

$$x^2+1=0$$

입니다. 어떤 실수도 제곱하면 양의 수 또는 0이 됩니다. 제곱해서 −1이 되는 실수는 없습니다. 이때 방정식에 해가 없다고 하고 그냥 넘겨버리면 아무래도 만족스럽지 않으므로(나는 괜찮은데요, 하는 목소리도 들리지만), 제곱하면 −1이 되는 '가상의 수'를 설정해서 거기에 i라는 기호를 부여해봅시다. 그것을 '허수 단위'라고 부릅니다. 즉,

$$i^2 = -1$$

입니다. 그리고 이 수에 지금까지와 마찬가지로 계산 규칙을 적용해서 실수 a, b에 대하여,

$$a + bi$$

로 표현되는 수를 만들고, 이것을 '복소수'라고 부르기로 했습니다.

"거봐요, 제곱해서 −1이 되는 수는 이 세상에 없는 거죠?"

자, 또 나쁜 버릇이 나왔습니다. 없는 게 아닙니다. 2제곱해서 −1이 되는 수는, 크기나 길이를 나타내는 수로서는 이 세상에 없습니다. 그러나 이 세계에 i로 표현되는 다른 뭔가가 존재한다면, 그것이 어떤 감촉이 느껴지는 '물건'이 아니라 하더라도, 허수가 존재할 충분한 이유가 됩니다. 수라는 것은, 실수든 허수든, 이 세상에 있는 뭔가를 표현하기 위해 존재하는 거니까요.

"그런 게 있어요?"
"허수로 표현되는 거. 으−응, 좀 SF 비슷하지만."

그것을 지금부터 설명하죠. 어느 실수에 −1을 곱하면 어떻게 될까요?

$$3 \times (-1) = -3, \ (-2) \times (-1) = 2, \ a \times (-1) = -a$$

인데, 이것을 수직선 위에서 생각하면 다음 그림과 같이 됩니다.

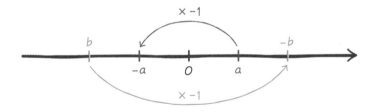

이 그림으로 알 수 있듯이 −1을 곱하면 수의 위치가 180도 변합니다. 즉 −1을 곱한다는 건 180도의 회전을 나타내는 겁니다. 그런데,

$$i^2 = -1$$

이었으므로, $a \times (-1) = a \times i^2 = a \times i \times i$로 되어, i를 두 번 곱했을 때 180도 회전을 하는 거니까 i를 한 번 곱하면 90도 회전을 한다고 볼 수 있습니다. 이런 이유로 i라는 수는 실수 직선을 뛰쳐나와 그것과 정확하게 직각으로 교차하는 직선 위에 놓인 점으로 표현됩니다. 즉 허수는 소위 2차원의 수로서 평면 위에 자신의 모습을 드러내는 겁니다.

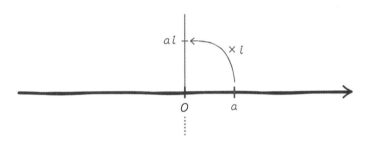

나아가 일반적으로 *a* , *b*를 실수라고 할 때,

$$z = a+bi$$

의 형태로 나타내지는 수를, 이 평면 위에서 좌표(*a*, *b*)를 갖는 점으로 표현했을 때, *a*+*bi* 를 '복소수', 복소수가 표시된 평면을 '복소평면', 혹은 '가우스평면'이라고 합니다.

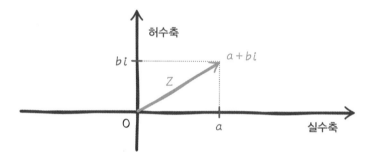

즉, 복소수란 복소평면 위에서 한 점으로 나타낼 수 있는 수입니다. 여기서 중요한 건 복소수 z는 원점으로부터의 거리를 나타내는 게 아니라는 사실입니다.

그럼 복소수 z는 무엇을 나타낼까요? 많고 적음이나 길이와 같이 실제로 손에 잡히는 대상의 크기를 복소수가 나타내는 것이 아니라는 것은 알겠죠? 그렇다면 복소수는 무엇을 나타내는 걸까요? 그 답의 실마리는 '× *i* (곱하기 *i*)'가 90도 회전을 나타낸다는 데에서 찾아야겠지요. 그럼 '× z (곱하기 z)'는 무엇을 나타내는 걸까요?

"무얼 나타내는 걸까요라니, 남의 얘기하듯 말하지 말아주세요! 에―, ×z니까 z를 곱한다는 걸 나타낸다……?"

하하, 그건 누군가의 답변 비슷한데요, 아무 생각도 하지 않고 하는 답변입니다. 이럴 때에는 어쨌든 간에 조금이라도 구체적으로 생각해야 합니다. 시험 삼아 1에 z를 곱하면 어떻게 되는지 생각해보세요.

"1에 z를 곱하라니, 그야 1×z = z인 게 당연하잖아요?"

맞습니다. 1에 z를 곱하면 당연히 z가 됩니다. 그건 즉 z를 곱함으로써 1이 z로 이동한다는 의미입니다. 그림을 보면 분명하듯이 z를 곱함으로써 수는 회전하고 확대·축소되는 겁니다.

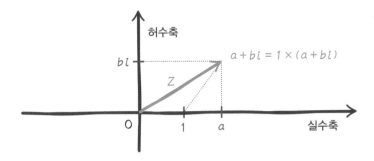

결국 복소수란 많고 적음이나 크기를 나타내는 수가 아니라, 회전, 확대·축소 같은 조작을 나타내는 수입니다. 이렇게 해서

복소수가 뭔지에 대해서 조금 알아봤습니다. 그러면 수의 확장 원리를 다 모아서 정리해봅시다.

먼저 자연수에서 음수로 확장합니다. 예를 들어 -2는 $x+2=0$을 충족시키는 수로 생각할 수 있습니다. 말하자면 이 방정식이 -2라는 수의 정의입니다. 마찬가지로 하면 분수란 방정식 $ax+b=0$(a, b는 정수)을 만족시키는 수라고 정의할 수 있습니다. 역시 마찬가지로 무리수 $\sqrt{2}$는 방정식 $x^2-2=0$으로 정의되는 수라고 생각할 수 있습니다. 이것은 허수에 대해서도 똑같이 적용할 수 있습니다. 허수 i는 방정식 $x^2+1=0$으로 정의할 수 있습니다. 이와 같이 방정식과 수는 서로 떼려야 뗄 수 없는 관계를 맺으면서 수학의 세계를 넓혀왔습니다.

일대일 대응의 원리

자, 지금까지 수 그 자체에 대해서 간단히 살펴봤습니다. 이제 잠깐 앞으로 돌아가서 물건의 수를 세는 행위에 대해 생각해봅시다. 물건의 수를 센다는 게 뭘까요? 이런 질문을 받으면 조금 황당하나요?

"그런 거, 물을 것도 없잖아요. 요컨대, 일, 이, 삼…… 하고 차례로 수를 읊어가는 거지요?"

맞습니다. 수를 세는 건 차례로 수를 읊어가는 것인데, 중요한 건 차례로 세는 수가 지금 세고 있는 물건들과 딱 한 개씩 대응해야 한다는 겁니다. 아주 어린 아이가 수를 세는 것을 보면 이 대응관계가 잘 안 되는 것을 볼 수 있습니다.

물건의 수를 센다는 건 '수(number)라는 꼬리표를 만들어서 세려고 하는 물건에 하나씩 붙여가는' 작업입니다. 꼬리표를 붙일 물건이 점점 줄어들다가 드디어 꼬리표 붙이는 작업이 끝났을 때 마지막으로 붙인 꼬리표에 써 있는 숫자가 물건의 개수입니다. 이것은 너무나 당연한 일이라서 우리는 보통 그것을 의식하지 않고 수를 셉니다.

여기서 꼬리표와 물건의 대응이 '일대일 대응의 원리'입니다. 이와 같이 생각하면 일대일 대응의 원리 그 자체 속에 수의 본질이 있다는 사실을 알 수 있습니다. 이 원리에 대해 조금 더 생각해봅시다.

"센야마 선생님은 수학 원리주의자?"

일대일 대응의 원리에 기초하면 우리는 수를 세지 않고도 서로 다른 두 물건의 집합 사이에서 크기를 비교할 수 있습니다. 예를 들어 어느 교실에 학생들이 있는데 비어 있는 자리가 하나도 없고 서 있는 학생도 하나도 없다면 수를 세지 않아도 의자수와 학생의 인원수가 같다고 판단할 수 있습니다. 이 교실의 의자는 딱 **70**개이니까 오늘의 출석 학생은 딱 **70**명입니다.

> "앗, 선생님, 오늘은 한 의자에 둘이 앉아 있는 사람이 있는데
> 요."
> "……."

한 의자에 두 사람이 함께 앉는 것은 금지하기로 합시다. 혹은 꽃병에 딱 한 송이씩 장미꽃이 꽂혀 있다면 꽃병의 개수와 장미꽃의 개수는 같습니다. 이건 무척 단순한 원리이지만 사용하기에 따라 굉장한 편리를 제공합니다.

하던 얘기에서 조금은 벗어나지만, 일대일 대응의 원리를 확장한 '비둘기집 원리' 혹은 '서랍논법'이라고 일컬어지는 사고방식에 대해 잠시 알아보겠습니다. 일대일 대응의 원리는 수를 세지 않더라도 일대일로 대응하면 두 종류의 물건이 같은 수만큼 있다는 겁니다. 거꾸로 양쪽 물건의 수를 알고 있을 때 일대일 대

응의 원리를 조금 확장하여 다음과 같이 생각할 수도 있습니다.

여기에 비둘기집이 10개 있다고 합시다. 비둘기가 11마리 이상 있다면 적어도 한 개의 집에는 두 마리 이상의 비둘기가 들어 있습니다. 왜일까요? 만약 어느 집에나 한 마리의 비둘기만 있다면 일대일 대응의 원리로부터 비둘기는 10마리밖에 없는 게 됩니다. 그러므로 11마리의 비둘기가 있다면 어느 집인가에는 두 마리 이상의 비둘기가 있어야 합니다.

"모든 집에 비둘기가 있다고 볼 수는 없잖아요? 비어 있는 비둘기집이 있다면……"

라고 생각하는 사람도 있겠지만 그럴 경우 두 마리 이상의 비둘기가 있는 집이 더 늘어나면 늘어났지 줄어들지 않습니다. 마찬가지로 삼단으로 된 서랍이 있는데 서랍 안에 넣어두고 싶은 열쇠가 네 개 이상 있다면 어느 한 서랍에는 최소 두 개의 열쇠가 들어 있을 겁니다. 그렇기 때문에 이 원리를 '비둘기집 원리' 또는 '서랍논법'이라고 합니다.

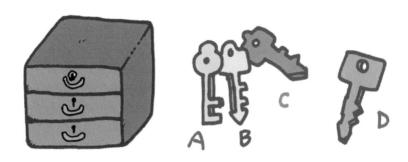

실은 이 원리는 앞에서 이미 사용한 적이 있습니다. 뭘까요?

"에—, 지금까지의 얘기에서 비둘기나 서랍은 나오지 않았던 것 같은데."

"비둘기와 서랍은 비유예요."

"아아, 맞아, 순환소수였어!"

그렇습니다. 어떤 분수라도 유한소수 아니면 순환소수가 된다고 했습니다. 그 논의는 비둘기집 원리에 기초했습니다. 어떤 수를 a로 나눠서 깨끗이 나눠지지 않을 때, 나머지는 1, 2, 3……, $a-1$ 중의 어느 것인가가 됩니다. 그러므로 나눗셈을 a번 하면 같은 나머지가 반드시 나오게 되어 있습니다. 여기서는 $a-1$ 종류의 나머지 각각이 서랍이고(서랍이 $a-1$개 있는 것), 나눗셈을 한 결과 나오는 나머지가 서랍 안에 들어갈 열쇠가 됩니다. 그리고 나눗셈 계산을 a번 이상 하면 어느 서랍인가에는 반드시 두 개 이상이 들어가게 됩니다.

혹은, 당신이 다섯 가지 색깔의 양말을 갖고 있다고 합시다. 정리를 잘 못해서(미안해요), 그 양말이 하나의 양말통 안에 모두 엉망으로 섞인 채 들어 있습니다. 그런데 당신은 캄캄한 어둠 속에서 양말을 꺼내야 합니다. 통 안에서 외짝인 양말을 몇 개 꺼내면 반드시 색깔이 맞는 한 켤레의 양말이 나오게 될까요? 단, 색깔은 무슨 색이라도 좋다고 합시다.

"선생님? 좌우 색이 다른 양말을 신는 것도 멋인데요."

"거 참, 그러지 말고 색깔을 맞추도록 해보세요."

이것도 비둘기집 원리입니다. 이번에는 색깔이 비둘기집이고 양말이 비둘기입니다. 외짝 양말을 여섯 개 꺼내면 적어도 한 켤레는 같은 색깔이 됩니다.

이 비둘기집 원리는 무척 단순한 원리이므로 수학에서도 큰 역할을 해왔습니다.

말이 곁길로 많이 샜는데 원래 하던 이야기로 돌아가겠습니다.

일대일 대응의 원리를 사용하면 수를 세지 않고도 두 집합의 물건의 개수가 같은지 그렇지 않은지 비교할 수 있습니다. 이것을 '직접 비교'라고도 합니다. 원시적인 방법이지만 무척 강력한 방법이기도 합니다. 초등학교 운동회에서 오자미 넣기를 해본 적 있죠? 거기에 이 원리가 적용됐다고 할 수 있습니다. 오자미 넣기가 끝나고 청이 이겼는지 백이 이겼는지를 확인할 때 보통은 수를 세지 않고 양쪽 바구니에서 오자미를 하나씩 동시에 꺼내 던집니다. 그리고 바구니가 먼저 비는 쪽이 진 거지요.

혹은 초등학교에서 수영장 같은 곳을 갈 때 선생님은 아이들에게 짝을 지으라고 합니다. 물에서 나와 짝을 지었을 때 짝궁이 없는 아이가 있으면 무슨 사고가 났을지도 모른다는 걸 금방 알 수 있기 때문입니다. 이것 역시 일대일 대응의

원리를 사용한 예라고 할 수 있습니다.

이처럼 간단한 원리가 수학에 혁명적인 변화를 가져왔습니다.
이 다음 장에서 그에 대한 이야기를 더 해보겠습니다.

(a+b)×c=?

무한을 센다

일대일 대응의 원리를 사용하여 우리는 일일이 세지 않고도 두 집합에서 원소의 개수가 많은지 적은지 비교할 수 있었습니다. 70개의 의자가 있는 교실에 빈 자리가 있으면 오늘 출석한 학생의 수는 70명 보다 적고, 서 있는 학생이 있으면 출석한 학생이 70명이 넘는다는 것을 알 수 있습니다. 억지로 앉히면 어딘가에 두 명이 함께 앉는 자리가 생긴다는 것도 비둘기집 원리로 설명했습니다. 그런데 이 간단명료하게 보이는 원리가 '무한'이라는 괴물을 상대할 때는 비상한 위력을 발휘합니다.

수가 무한하게 있다는 건 이미 얘기했습니다. 1, 2, 3, ……이라는 수는 순서대로 계속 1을 더하면 얼마든지 커집니다. 1을 더함으로써 얼마든지 커진다는 것은 무한이라는 괴물이 갖고 있는 커다란 특징이기도 합니다. 유명한 우스개 얘기를 하나 해볼게요.

큰 수를 말하는 쪽이 이기는 게임입니다. 먼저 한 사람이 한참을 생각한 끝에,

"3"

이라고 말했습니다.

상대방은 생각에 빠졌고 마지막으로 이렇게 말했습니다.

"네가 이겼어."

이것은 어떤 특정인을
비웃는 말로 사용되는
모양인데, 요컨대 이 두
사람은 3 이상의 수를
몰랐던 거지요. 만약 이

게임이 가장 큰 숫자를 말하는 게임이라면 먼저 말하는 사람
이 이길 수 있습니다. 아마도 보통 사람은 '조'라는 단위보다 더
큰 단위의 숫자를 모르겠지만 그 위에는 '경'이 있습니다. '경'을
아는 사람이라도 그 위는 모르는 것이 보통인데, 그 위는 '해'
라고 합니다. 그 다음은? 표현할 단어가 있는 가장 큰 수인 '무
량대수'입니다.

하지만 나중에 말하는 사람이 지지 않을 방법이 있습니다. 상
대방이 '무량대수'했을 때 수를 말하지 않고, "지금 말한 수 더하
기 1"이라고 대응하면 되니까요. 이것이 수가 무한히 커진다는 것
의 본질입니다. 그러므로 수는 무한히 많이 있다고밖에 달리 할
말이 없습니다.

그럼 짝수는 몇 개가 있을까요?

"짝수도 무한히 많이 있겠지요."

맞습니다. 짝수도 무한히 많이 있습니다. 그럼 1, 2, 3,……이 라는 자연수와 짝수는 어느 쪽이 더 많을까요?

"양쪽 다 무한 개 있지만, 짝수의 갯수는 1, 2, 3,……의 딱 반이 되지 않을까?"
"응, 수는 짝수랑 홀수가 각각 반일 테니까."

언뜻 보면 그렇지요. 1에서 100까지 사이만 보면 짝수 50개, 홀수 50개가 있고, 그것을 합하여 1부터 100까지의 수가 되니 까요. 세면 그렇게 됩니다. 그런데 모든 자연수와 모든 짝수는 어 떨까요? 이때는 자연수도 짝수도 그 개수가 무한하여 직접 세어 볼 수가 없습니다. 바로 이럴 때 일대일 대응의 원리를 사용하는 겁니다. 우리는 일대일 대응의 원리를 다루면서 서로 정확히 일 대일 대응이 되면 수를 세볼 것도 없이 양쪽의 개수가 같다는 걸 알았습니다.

그러면 이제 자연수와 짝수를 일대일로 대응시켜보기로 합시 다. 가상운동회를 생각해보세요. 지금 마침 오자미 넣기 경기가 끝났습니다. 청팀은 자연수를, 백팀은 짝수를 전부를 바구니 안 에 넣었습니다. 자, 어느 쪽이 이겼을까요? 우리가 익히 아는 방 식으로 판정해봅시다.

처음에 청팀은 1을 백팀은 2를 꺼내서 집어 던졌습니다. 다음
으로 청팀은 2를 백팀은 4를 집어 던졌습니다. 이하 순서대로 3
과 6, 4와 8, 5와 10을 던졌습니다. n회째에는 청팀은 n을, 백
팀은 $2n$을 집어 던졌습니다……. 양쪽 팀 모두 열심이어서 도저

히 승부가 날 것 같지 않습니다.
　그랬더니 자연수와 짝수는 다음과 같이 일대일 대응이 되는
겁니다.

$$1, 2, 3, 4……, n,……$$
$$2, 4, 6, 8……, 2n,……$$

1번 의자에는 2라는 사람이 앉고, 2번 의자에는 4라는 사람
이 앉고, 3번에는 6이 앉고……, n번 의자에는 $2n$이라는 사람
이 앉아 있습니다. 빈 의자가 하나도 없고 서 있는 사람도 아무
도 없습니다. 이건 짝수와 자연수가 딱 일대일 대응하고 있다는

이야기입니다.

> "네? 하지만 조금 이상하지 않나요? 글쎄 2번 의자에 2번인 사람, 4번 의자에 4번인 사람, 6번 의자에 6번인 사람……, 이렇게 앉혀도 짝수는 모두 다 자리에 앉을 수 있는데, 그렇게 했을 때 홀수 번의 의자는 전부 비어 있잖아요?"
>
> "앗, 그러니까 역시 자연수는 짝수의 두 배가 되는 거야."

확실히 지금 말한 것처럼 앉히면 홀수 번째의 의자는 전부 공석이 되어 일대일 대응이 되지 않을 것 같습니다. 그러나 그런 식으로 한다면 1번 의자에 2번이 앉고, 11번 의자에 4번이 앉고, 21번 의자에 6번이 앉는 식으로 열 번째 의자마다 짝수를 앉혀도 모든 짝수를 다 앉게 할 수 있습니다. 자연수가 무한하게 있으므로, 10개씩 건너 뛰어 짝을 짓게 해도 자연수가 결코 모자라는 일이 없을 테니까요. 그렇게 되면 이번엔 자연수가 짝수의 열 배가 된다고 말해야 하겠네요.

이처럼 무한이라는 괴물은 유한한 것을 다룰 때에는 결코 일어나지 않던 일을 일어나게 만듭니다.

물건의 개수를 셀 때 숫자를 쓴 꼬리표를 무한히 많이 갖고 있다면 뭔가를 세기 위해 아주 많은 꼬리표를 붙여도 꼬리표가 중간에 다 없어지는 일은 없습니다. 그리고 꼬리표는 여러 가지 방식으로 붙일 수 있습니다. 그래서 수학에서는 다음과 같이 약속했습니다.

> 무한 개 있는 것에 대해 자연수의 집합과 일대일 대응을 시키는
> 방법이 하나라도 있다면, 그건 자연수와 개수가 같다고 생각한다.

이렇게 하면 두 배 있는 것처럼 보인다, 저렇게 하면 10배 있는
것처럼 보인다, 등 세는 방식은 몇 개가 있어도 상관없습니다. 어찌
됐건 자연수와 일대일 대응이 되는 방법이 하나라도 있다면 그것
을 최우선하여 자연수와 개수가 같다고 생각하는 겁니다.

이렇게 해서 무한이라는 괴물은 일부분(짝수)이 전체(자연수)와
개수가 같다는 기묘한 결론을 만들어냅니다. 일부분이 전체와
같다는 건 유한 개의 것이 대상일 때에는 절대로 일어나지 않는
일입니다. 유클리드(에우클레이데스, 기원전 365~기원전 275년경)가
쓴 가장 유명한 수학서 『기하학원본』 안에도 아홉 개 공리(공통개
념) 가운데 여덟 번째로,

> 또한, 전체는 부분보다 크다.

라고 정확히 적혀 있습니다. 이 책이 집필된 건 기원전 300년경
이므로 대략 2300년 전에 쓴 겁니다. 그때부터 사람은 유한한
것에 대해서는 언제라도 이 공리가 성립한다는 것을 알고 있었
습니다. 그러나 무한한 것에 일대일 대응의 원리를 적용하는 문

제에 대해서는 생각하지 않았습니다.

그러나 사람은 끊임없이 다양한 것을 생각해내는 동물입니다. 『기하학원본』이 나온 지 대략 1900년쯤 지난 1638년, 지동설로 유명한 갈릴레오 갈릴레이(1564~1642년)는 『두 개의 세계관에 관한 대화-프톨레마이오스 체계와 코페르니쿠스 체계』(이하 『두 개의 세계관에 관한 대화로 표기-옮긴이)라는 유명한 책을 썼습니다. 이 책에서 갈릴레이는 운동에 대해 자세히 분석했죠. 특히 물체가 자유낙하하거나 혹은 경사면을 구르면서 떨어질 때 보여주는 등가속도 운동에 대해 분석했습니다. 그 내용 중에 이런 얘기가 나옵니다.

> **살비아티 :** 그것은 우리가 한정된 지력(智力)을 가지고 무한을 논하고, 유한한 것에 대해 알고 있는 여러 가지 성질을 억지로 무한한 것에 적용하려는 데에서 생겨나는 곤란한 문제 가운데 하나입니다. (…) 물론 당신은 제곱수와 제곱수가 아닌 수를 구별하는 방법을 알고 계실 텐데요.
>
> **심플리치오 :** 잘 알고 있지요. 제곱수는 임의의 수에 그 자신을 곱해서 생기는 수입니다. 예를 들어 4, 9는 각각 2, 3으로부터 만들어지는 제곱수입니다.

여기서 2, 3은 '제곱수 4와 제곱수 9의 제곱근'이라고 합니다. 심플리치오의 대답을 들은 살비아티는 "제곱수와 제곱수

가 아닌 수를 포함한 모든 수(자연수-옮긴이)는 제곱수보다 개수
가 많다고 단언해도 거짓말이 아니겠지요" 하고 심플리치오에게
묻고 "그렇다"는 대답을 듣습니다. 그리고 나서 살비아티는 "하
지만 제곱수는 1^2, 2^2, 3^2, ······으로 표시할 수 있으니까, 1, 2,
3,······과 같은 만큼 있다고 말할 수 있다"라는 역설적인 결론을
내립니다.

> **살비아티** : 모든 수의 총체는 무한하며 제곱수의 수도 무한하
> 고 그 수의 제곱근도 무한하므로, 제곱수의 수가 모든 수의 총
> 체보다 적다고 할 수도 없고, 또한 후자가 전자보다 많다고 할
> 수도 없다는 것을 알겠습니다. 결국 '같다', '많다', '적다'라는 속
> 성은 그저 유한량에만 있는 속성이며 무한량에는 그런 속성이
> 없다라고 말할 수밖에 없습니다.

이와 같이 갈릴레이는 『두 개의 세계관에 관한 대화』 안에서

자연수와 제곱수가 일대일로 대응하는 것을 인정하고 일대일로 대응하는 이상 자연수와 제곱수의 개수가 같다고 말해야 한다고 생각하지만, 아쉽게도 그것을 긍정적으로 파악하지 못하고, 무한에 대해서는 양을 생각할 수가 없다는 결론을 내립니다.

갈릴레이가 『두 개의 세계관에 관한 대화』를 쓴 것이 1638년이었다는 것을 생각한다면 이것은 무리도 아닌 일입니다. 오히려 17세기 중반에 무한에 대해 이만큼 고찰한 갈릴레이의 천재성에 경탄해야겠지요. 이 무한의 신기한 행동방식을 긍정적으로 파악하고 이것이야말로 무한이 지닌 특징 중의 하나라고 생각한 인물은 19세기 말의 수학자 게오르크 칸토어(1845~1918)였습니다. 그리고 이 칸토어에 의해 '집합론'이라는 새로운 수학이 탄생했습니다.

무한을 세는 수학 집합론

　앞서 봤듯이 자연수와 짝수, 혹은 자연수와 제곱수는 일대일로 대응합니다. 그러므로 수를 센다고 하는 것을 순순히 연장하면 자연수와 짝수, 자연수와 제곱수는 개수가 같다고 말할 수밖에 없습니다.

　그러나 상식적으로 보면 짝수나 제곱수는 자연수의 일부분이며 유클리드를 기다릴 것도 없이 '전체는 부분보다 크다'이므로 이것은 이해가 안 되는 일입니다. 그래서 갈릴레이는 이것을 모순이라고 여기고, 무한에는 양이 없다고 생각했습니다. 그러나 칸토어는 일대일 대응의 원리가 수를 세는 것의 본질이라고 생각하고 이 대응관계를 무한에 적용하는 것을 망설이지 않았습니다. 즉 칸토어는 '무한을 세기' 위한 수학을 만들어간 겁니다. 이 새로운 수학이 '집합론'이었습니다. 집합론은 현대 수학의 기초가 된 수학의 중요 분야로, 그 기초는 일대일 대응을 무한에까지 확장하여 생각하는 데 있습니다.

　"일대일 대응이 되면 같은 개수라는 건, 잘 생각하면 무척 자연스러운 일이라고 생각해요. 특히 갈릴레이의 제곱수의 얘기는 아주 잘 이해가 돼요. 정말 1에는 1×1이, 2에는 2×2가, 3에

"는 3×3이 대응한다는 건 당연하잖아, 하는 느낌이었어요."

"하지만 제곱수의 간격이 자꾸자꾸 벌어지는데."

"아무리 벌어져도 결국 무한히 있는 거니까 괜찮아."

말 그대로입니다. 결국 무한히 있기 때문에 간격 같은 건 문제가 안 됩니다. 결론적으로 말해서, 1, 2, 3,……하고 계속 셀 수 있는 거라면 어떤 거라도 자연수와 개수가 같습니다.

수학은 이 '수'에 이름을 붙였습니다. 자연수의 개수를 $\aleph_0$(알레프제로)라고 씁니다. $\aleph_0$는 우리가 보통으로 알고 있는 수는 아니지만, 그 개수가 무한하여 순서대로 끝없이 셀 수 있는 것에 붙인 '초(超)'개수라고 할 만한 겁니다. $\aleph_0$를 가지고 몇 가지 계산을 해보겠습니다.

우선, 덧셈에 대해 생각해볼까요? 보통 수의 덧셈 $n+m$은 n개 있는 것의 집합과 m개 있는 것의 집합을 합하면 몇 개가 있는 집합이 되는가 하는 것이었습니다. 즉 두 개의 사과와 세 개의 사과를 함께 하면 다섯 개의 사과가 된다, 두 명의 아이와 세 명의 아이가 함께 하면 다섯 명이 된다. 이것이 2+3=5라는 식의 가장 기초가 되는 의미입니다. 그러면 두 무더기를 합하면 몇 개가 되느냐, 이 사고방식을 가지고 무한을 덧셈해봅시다.

만일, 10000에 $\aleph_0$를 더하면 어떻게 될까요?

"에—, 무한보다 10000개 많은 수가 되겠죠."

"하지만 10000개쯤 많아봤자 무한임에는 변화가 없잖아?"

"1, 2, 3,……하고 계속 셀 수 있는 거라면 $\aleph_0$개 있다는 거니까, 어찌 됐건 세보면 되는 거야."

"어떻게 세는데?"

네, 세는 방법이 문제가 됩니다. 우선 $\aleph_0$개 있는 것의 대표로서 자연수 전체를 센 다음 거기에 이어서 10000개를 더 세는 건데, 처음에 자연수를 1, 2, 3,…… 하고 세기 시작하면 자연수를 세는 것만으로 무한 번 세어야 하니 그걸 끝낸 다음 다시 10000을 더 세는 것은 불가능합니다. 그래서 조금 궁리를 하여 처음에 10000개 있는 부분부터 셉시다.

"1, 2, 3,……, 10000."

네, 다 셌습니다(아―지쳤다. 1만 초, 세 시간 가까이나 걸렸네). 계속해서 $\aleph_0$개 있는 자연수를 세어봅시다. 10001, 10002, 10003,…… 이렇게 무한히 계속 세면 되겠네요. 이것으로 무사히 전부를 셀 수 있었습니다! (이번에는 얼마나 걸린 걸까요?)

$$10000 + \aleph_0 = \aleph_0$$

입니다. 즉 10000에 $\aleph_0$를 더해도 결과는 $\aleph_0$로 변함없습니다.

처음부터 무한 개 있는 것이므로, 10000개쯤 늘어나도 꿈쩍도 하지 않는군요. 그건 $\aleph_0$개 있는 것에서 10000개를 빼도 나머지는 역시 $\aleph_0$개라는 의미도 됩니다. 이만큼의 저금이 있으면 아무리 써도 줄지 않습니다!

"선생님, 무한의 저금 같은 건 없어요."

"……."

그럼 $\aleph_0$에 $\aleph_0$를 더하면 어떻게 될까요?

"이번에는 분명히 커질 걸요. 어느 쪽 $\aleph_0$부터 세기 시작한들 전부를 미처 다 세지도 못하고 자연수는 끝나버리겠죠."

흐음, 그렇게도 생각할 수 있네요. 하지만 진짜로 그렇게 될지어떨지 조금 더 세는 방법을 궁리해봅시다. $\aleph_0$개 있는 것의 대표로서 자연수를 택하고, 같은 자연수를 한 그룹 더 준비합니다. 두 자연수를 구별하기 위해 한쪽은 1, 2, 3,……, 다른 한쪽은 ①, ②, ③,……이라고 동그라미를 붙여서 표현하기로 합니다. 자, 세어나갑시다. 첫 번째는 1, 두 번째는 ①, 세 번째는 2, 네 번째는 ②, 다섯 번째는 3, 여섯 번째는 ③, 즉 보통의 자연수와 동그라미를 붙인 자연수를 교대로 세어나가는 겁니다.

1	2	3	4	5	6	7	8	⋯⋯
1	①	*2*	②	*3*	③	*4*	④	⋯⋯

이렇게 해나가면 두 자연수의 그룹도 순서대로 다 셀 수 있습니다. 이것으로,

$$\aleph_0 + \aleph_0 = \aleph_0$$

라는 것을 알게 됐습니다. $0+0=0$이라는 성질과 조금쯤 비슷하지만, 0쪽이 $n+0=n$인데 비해 '$\aleph_0$쪽은 $n+\aleph_0=\aleph_0$라는 부분이 다릅니다.

그런데 이 결과는 실은 조금 더 간단히 알 수 있습니다. 우리는 이미 짝수 전체가 딱 $\aleph_0$개 있다는 것을 압니다. 마찬가지로 홀수1, 3, 5, 7,⋯⋯의 전체도 딱 $\aleph_0$개 있습니다. 그런데 짝수와 홀수를 합치면 물론 자연수 전체가 되므로, 여기서부터도,

$$\aleph_0 + \aleph_0 = \aleph_0$$

라는 것을 알 수 있습니다.

자, 칸토어는 이 $\aleph_0$라는 '수'를 가지고 여러 가지 무한의 많고 적음을 세어나갔습니다. 우리가 알고 있는 대부분은 $\aleph_0$라는 '수'로 셀 수 있습니다. 가령 분수 전체는 자연수와 비교하면 비교가 되지

않을 정도로 그 수가 더 많이 있을 것 같지만, 적절한 방법으로 세면 분수도 순서대로 세는 것이 가능합니다. 셀 수만 있다면 그 무한의 크기는 $\aleph_0$가 되는 겁니다. 그렇다면 결국 무한히 있다는 것은 $\aleph_0$개 있다고 하는 것과 같은 의미일까요?

실은 그렇지 않았습니다. 칸토어가 만들어낸 집합론이라는 수학은 '이 세계에는 셀 수 없는 무한이 있다'라는 충격적인 결론을 이끌어냈습니다. 셀 수 없는 무한의 예는 직선 상의 점의 수나 우리들이 보통으로 쓰고 있는 실수의 개수입니다. 칸토어는 무척 능란한 방법으로 실수는 순서대로 하나하나 셀 수 없다는 사실을 증명했습니다. 여기서는 조금 더 친숙한 예를 이용하여 셀 수 없는 것의 집합을 만들어보겠습니다.

여러분은 '리버시'라는 게임을 알고 있을 겁니다. 앞이 백, 뒤가 흑인 말을 만들어서 상대를 감싸면 뒤집을 수 있다는 룰을 정해놓고 흑백의 개수를 다투는 게임입니다(리버시 게임은 흑백 양쪽 모두 둘 곳이 없을 때 끝나며, 게임이 끝났을 때 상대보다 더 많은 말을 보유한 사람이 이기는 게임이다.—옮긴이).

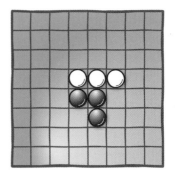

리버시의 말을 무한하게 늘어놓는다고 생각해보십시오. 말은 백이든가 흑이므로 이것은 예를 들어 다음과 같이 놓을 수 있습니다.

 ……

그 중에는 전부가 ●, 혹은 전부가 ○이라는 진열방식도 있겠고, ○과 ●이 교대로 놓이는 진열방식도 있겠지요. 그럼 말을 무한히 늘어놓는 진열방식은 몇 개나 있을까요. 물론 이 진열방식은 무한히 많이 있습니다(하나하나의 진열이 각각 무한한 개수의 말로 구성되어 있으므로, 그 진열방식의 총 개수도 무한하게 많을 수밖에 없다―옮긴이). 한 개의 진열방식을 한 줄에 표시하는 것으로 하고, 각 줄을 차례로 위에서 아래로 주욱 나열하고, 위에서부터 아래로 각 줄에 번호를 매겨봅시다. 즉 진열방식의 개수를 세어봅시다.

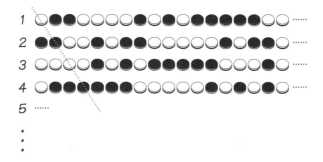

이런 식입니다. 이렇게 하면 전부 다 셀 수 있겠다(!)라고 생각하지만…….

"아니에요? 못 세는 것이 있어요?"

그렇습니다. 셀 수 없는 게 있네요. 어떤 진열방식일까요. 그 진열방식을 만들어보겠습니다. 먼저 위에서 아래로 주욱 나열된 진열방식들의 대각선을 봐보세요(여기서는 설명의 편의상 ○●○● ……가 되게 해놓았지만, 다른 어떤 것이 되어도 상관없다.−옮긴이) 그 대각선의 말을 차례대로 뒤집어서 새로운 행을 만들어보겠습니다. 그러면 이렇게 되겠지요.

위의 것은 위에서부터 n번째에 나오는 행의 n번째 말을 뒤집어서 만든 행입니다. 그런데 이렇게 간단한 규칙을 이용하여 만들어낸 진열방식은 아무리 해도 위에서 아래로 주욱 나열한 진열방식의 어디에서도 찾을 수 없습니다. 정말 그럴까요?

"아무리 해도 찾을 수 없다니, 위에서 아래로 차례로 나열한 진열방식의 개수는 무한한데 어떻게 그 중에서 찾을 수 없다고 단언할 수 있지?"

그렇지요. 보통의 감각으로 생각하면, 무한히 존재하는 진열방식과 지금 만든 새로운 진열방식을 무한 번 비교해보기 전에는 그렇게 단언할 수 없는 겁니다. 무한히 비교하는 것은 불가능하니까 확인하는 것 자체가 불가능해 보입니다. 그러나 수학은 그것을 확인할 수 있는 무척 편리한 방법을 생각해냈습니다. 바로 '배리법(背理法)'이라는 방법입니다.

"배리 밥? 그거 사람 이름 같네요!"

"밥이 아니라 법."

배리법이란 어떤 것이 옳다는 것을 직접 증명하기 어려울 때, 간접적인 방식으로 증명해 보이는 방법입니다. 간단히 말하면 어떤 것을 먼저 옳지 않다고 가정해보는 겁니다. 그랬을 때 이치에 맞지 않는 결과가 나오면, 그러므로 그건 옳은 것이다, 하고 결론을 내리는 논법입니다. 이 논법은 무한과 관련한 문제들처럼 직접 증명하는 게 어려운 문제를 증명할 때 큰 위력을 발휘하며, 일상생활에도 도움이 되는 사고방식입니다.

그럼 배리법을 사용하여 앞에서 새로 만든 진열방식이 위에서 셀 수 있도록 차례로 나열한 어떤 진열 방식에도 포함되지 않는다는 걸 증명해봅시다.

먼저 그 새로운 진열방식이 위에 나열된 진열방식들 중 어디엔가에 있다고 가정합니다. 그렇다면 그것은 위에서부터 몇 번째인가의 행이 되어야 합니다. 100번째 행일까요? 아니오, 그렇지 않습니다. 왜냐하면 100번째 행의 100번째 말이 흰색이라면, 새로 만든 행의 100번째 말은 검정색으로 되어 있을 테니까요. 그러므로 새로 만든 행은 위 일람표의 100번째 행이 아닙니다. 그럼 10000번째 행일까요? 아니오, 그렇지 않습니다. 10000번째 행의 10000번째 말이 흑이라면, 새로 만든 행의 10000번째 말은 백일 테니까요. 이렇게 따져가면 새로 만든 행은 위의 방식으로 나열된 어느 행과도 다르다는 결론에 도달합니다. 그러므로 이 행은 그 안에 없는 겁니다.

이것으로 배리법이 완성됐습니다.

리버시의 말을 무한 개 늘어놓아 만들어지는 무한한 개수의 진열방식은, 그것들을 위에서 아래로 차례로 나열한 다음 각각의 진열방식에 순서대로 번호를 붙여나가는 게 불가능하다는 겁니다. 즉 이 무한한 가짓수의 진열방식은 셀 수 없는 무한입니다. 이렇게 하여 셀 수 없는 무한이 있다는 것을 알 수 있었습니다. 여기서 사용한 사고방식을 '대각선 논법'이라고 합니다.

그리고 보니 무리수 $\sqrt{2}$의 발견도 정사각형의 대각선에서 비롯되었습니다. 이번 무한의 발견도 대각선을 사용한 겁니다. 칸토어는 이 대각선 논법을 사용하여 실수(實數)는 하나, 둘, 셋……하고 셀 수 없다, 즉 실수는 자연수와 일대일 대응이 되지 않는다는 것을 증명하고, 집합론이라는 새로운 현대 수학을 만들어냈습니다. 집합론은 그후 현대 수학의 중요한 기초가 되었습니다.

다시 한번
수가 세계를 표현한다는 것

$(a+b) \times c = ?$

우리는 수가 세계를 표현한다는 것이 무슨 의미인지를 알아보기 위해 물건을 세는 행위에서부터 출발하여 여러 가지 것들을 살펴보았습니다. 수를 사용하여 물건의 개수를 세는 것은 우리가 아주 당연하게 받아들이는 일이지만 그 안에도 잘 생각해보면 무척 많은 의미가 들어 있었습니다.

많고 적음(개수)을 수로 표현할 수 있게 되면서 막연히 많고 적은 것이 아니라 그 차이를 세세하게 파악하고 표현할 수 있게 되었습니다. 이렇게 수를 사용하여 세상을 셀 수 있게 되자 이번에는 세는 것이 불가능한 세계가 있다는 것도 알게 되었습니다. 그것이 길이나 무게 같은 세계였습니다.

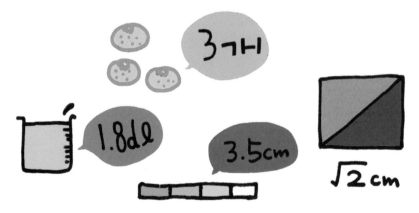

또 다른 이 세계를 수로 표현하기 위해서는 소수나 분수가 필요했습니다. 그렇게 하여 세계는 한 단계 더 높은 구조를 드러냈습니다.

단위를 설정해서 세계를 잰다, 이것이 수가 세계를 표현하는 두 번째 단계였습니다.

그런데 이 무대에 올라가서 보니 세계는 생각한 것보다 훨씬 복잡했습니다. 세세하게 쪼개어 쓸 수 있는 단위만 만들어내면 이 세계를 모두 표현할 수 있을 줄 알았는데 그게 아니었다는 겁니다.

양 중에는 통약할 수 없는 것이 있다는 것, 즉 서로를 아무리 잘게 나누어도 결코 공통의 단위에 다다르지 않는 양이 있다는 것을 사람들이 알게 된 겁니다. 이렇게 해서 무리수가 등장했습니다. 이렇게 보면 세계는 무척 복잡하게 만들어져 있습니다.

그러나 그와 같은 복잡한 세계도 0, 양의 정수(자연수), 음의 정수, 분수, 소수, 무리수를 모두 포함하는 실수 체계를 사용하여 그 세계 속에 있는 모든 양을 표현할 수 있게 되었습니다. 그 중에서 특히 무리수라는 신기한 수는 사람의 앎을 넘어선 무언가를 지닌 것 같습니다.

한 번 더 $\sqrt{2}$나 π가 무한하게 계속되는 소수라는 사실을 생각해보십시오. 왠지 모르게 어지럼증 비슷한 느낌이 스멀거리지 않나요? π의 값은 조 단위까지 계산되어 있습니다. 그러나 조 단위든 무량대수 단위든, 그것은 무한히 계속되는 π의 입장에서 본다면 그야말로 무(無)에 불과합니다! 그 무한한 어떤 것이 겨우 √2나 π 같은 간단한 기호 안에 갇혀 있다는 것은 정말 놀라운 일이라고 생각합니다. 여기까지가 수가 세계를 표현한다는 것이 갖는 세 번째 단계의 의미입니다.

　그런데 수는 양의 세계 말고도 다른 여러 가지를 표현할 수 있습니다. 우선 수는 순서를 표현하는 데 사용됩니다. 첫 번째, 두 번째 … 하고 순서를 매기는 것은 수가 있기 때문에 할 수 있는, 이 세계에 대한 중요한 표현방식 중 하나입니다.

　그리고 '비율'도 수로 표현할 수 있습니다. 비율도 일종의 양입니다. 그러나 이 양은 길이나 무게하고는 조금 다릅니다. 예를 들어 '속도'는 일종의 비율인데 이것은 움직인 거리와 거기에 걸린 시간이라는 두 양의 관계로 결정됩니다. 이것도 수로써 세계를 표현하는 중요한 방식 중 하나입니다.

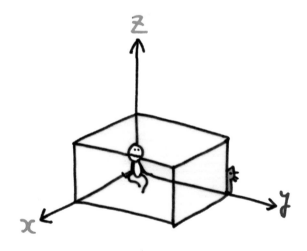

또 중학생이 배우는 '좌표'라는 사고방식도 있습니다. 좌표란 것은 이 세계 속의 '위치'를 수로 표현한 것입니다. 자동차 내비게이션, 혹은 *GPS(Global Positioning System)* 등의 기술은 좌표에 그 기반을 둔 겁니다.

수는 계속 진화를 거듭했습니다. 지금까지 이야기한 양, 순서, 비율, 위치 같은 것 외에 평행이동, 회전 등의 조작도 수로 나타낼 수 있게 되었습니다. 복소수가 그런 데 사용됩니다.

복소수는 처음에는 완전한 가상의 수로 취급되었지만, 이 수가 조작(操作) 그 자체를 나타낸다는 사실이 드러나면서 이 수 역시 우리가 사는 세계를 표현하는 수단으로 사용되기에 이르렀습니다. 복소수는 '이 세계에 존재하지 않는 수'가 아닙니다. 나타낼 대상이 양이나 순서가 아니라는 것뿐, 복소수도 역시 그 나름으로 이 세계를 표현하고 있는 겁니다. 수는 이렇게 제4단계까지의 진화를 거치면서 완성되었습니다.

만약 우리에게 수라는 개념이 없다면, 하고 생각해보십시오. 그때 이 세계는 도대체 어떻게 표현되고 있을까요?

414213562373095048

587 2 4 20 969 80 78569 6 7 1 8 7 5 3 7 6 9 4 8 0 7 317 66 1 9 1 99 7 1 O 3 8 8 5 0 3 8 7 5 3 4 3 2 7 6 4

2장

함수 :
변화 속의 법칙을 찾다

"선생님, 계산할 수 있었어요.
sin 0.7=0.64421769입니다."
"오오, 멋있어. 그 값, 어떻게 계산했나요?"
"함수 전자계산기한테 물어봐서 알았어요."
"……"

사상과 함수

자, 지난번까지의 강의에서는 수가 세계를 표현한다는 게 어떤 의미인지 알아봤습니다. 물건의 개수를 나타내는 가장 소박한 성질에서부터 순서, 많고 적음, 크기, 작용(作用)까지 확대된 수의 기능을 들여다보았습니다. 그리고 물건의 개수를 세는 행동 안에 숨어 있던 '일대일 대응의 원리'가 무한의 신기한 성질을 마술처럼 나타내 보이는 것도 살펴보았습니다. 일대일 대응의 원리라는, 어떻게 보면 매우 단순한 아이디어가 '집합론'이라는 전혀 새로운 수학을 탄생시켰던 겁니다.

이와 관련하여 집합이 탄생된 것인지, 아니면 발견된 것인지를 놓고 여러 가지 논쟁이 이루어지기도 했습니다. 집합, 특히 '무한집합'은 사람의 머릿속에만 있다고 하는 사람도 있고, 무한집합은 처음부터 자연 속에 있었다고 주장하는 사람도 있습니다. 어느 쪽이든 거기에서 나온 '대응'이라는 사고방식은 수학의 모든 방면에 등장하는 아주 중요한 아이디어입니다. 그래서 이 장에서는 대응이라는 것에 대해 좀 더 자세히 살펴보겠습니다.

"선생님, '대응'이라는 말을 사전에서 찾아봤는데요, '서로 마주 보는 것. ① 두 개의 사물의 한 쪽에 있는 것에 상응한 것이 다른 쪽에도 있는 것. ② 양자 사이에 균형이 잡혀 있는 것. ③ 상대에 응해 행동을 하는 것'(이와나미 사전)이라고 되어 있었어요. 수학하고는 별로 관계가 없는 것 같아요."

"상대에 응해서 행동을 하는 것과 좀 관계가 있을 것 같은데."

시험의 대응책을 짠다든가, 사고에 대응한다든가, 그런 의미라면 수학하고 별 관계가 없어 보이지만, ①의 의미라면, 앞서 얘기한 일대일 대응과 관계가 있을 것 같습니다. 여기서는 수와 수를 대응시키는 문제에 대해 생각해보겠습니다.

1장에서 물건의 개수를 세는 것은 순서대로 1, 2, 3,……이라는 번호표를 물건에 붙여나가는 것으로 볼 수 있다고 했습니다. 말하자면 일대일 대응이었던 거지요. 그런데 보는 방향을 바꾸게 되면, 번호표를 다 붙인 단계에서는 각각의 숫자 1, 2, 3,……

에 그것에 대응하는 물건이 다 결정되어 있는 것이라고 할 수 있습니다. 일반화된 표현을 쓰자면 숫자 *n*에 대해 그것에 대응하는 것이 정해지는 겁니다. 수학에서는 이와 같은 관계를 수 *n*에 어떤 것이 대응하는 '사상(寫像)'이라고 합니다.

사상이란 어떤 두 사물의 모임 사이의 대응관계를 의미합니다. 여기서 국어사전의 ①의 의미를 접할 수 있습니다. 그런데 수학에서는 사물의 모임을 '집합'이라고 했으므로(집합론이란 사물의 집합을 대상으로 한 수학), 그 말을 써서 사상을 정의해둡시다.

사상

두 개의 집합 X, Y가 있고, X의 요소 각각에 대응하여 Y의 요소가 하나씩 정해져 있을 때, 이 관계를

$$f : X \rightarrow Y$$

라고 쓰고 사상이라고 한다. X의 요소 x에 대하여 그에 대응하는 Y의 요소 y를 $f(x)$라고 쓴다. 즉 $y = f(x)$이다.

"왠지 갑자기 좀 까다로운 얘기가 된 느낌……."

"응, 얘기를 갑자기 비약시키는 게 센야마 선생님의 나쁜 점이야. 꼬리표 붙이기 하고는 급이 다르다니까!"

"서툰 익살은 선생님만으로 충분해!"

죄송합니다. 하지만 뭐, 통과의례 비슷한 거라고 생각하고 참아주세요. 이것이 일반적으로 정의된 '사상'입니다. $f(x)$라는 기호는 f란 x에 y를 대응시키는 어떤 작용이라고 생각하면 되겠지요. f는 영어의 *function*의 머리문자를 취한 겁니다. 또 중학교와 고등학교에서는 보통 이때 등장하는 두 집합 X와 Y를 실수의 집합으로 설정합니다. 즉 사상은 수에 수를 대응시키는 작용으로 모습을 나타냅니다. 이러한 사상을 보통은 '함수'라고 합니다. 중학교에서는 이 '대응시키는 작용 f'를 주어진 x로부터 y를 계산할 수 있는 수식으로 나타내서,

$$y = 3x + 1, \quad y = 3x^2$$

등으로 썼습니다. 함수가 계산 가능한 수식으로 표현된다는 것은 조금 깊이 생각하면 중요한 의미가 있는데, 그것은 나중에 자세히 살펴보도록 하겠습니다. 지금은 어떤 수 x가 주어지면 그 x에 대하여 수식을 써서 수 y를 대응시킬 수 있다는 사실만 잘 기억해둡시다.

1차 함수

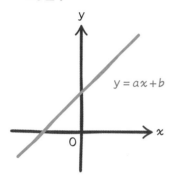

$$y = ax + b$$

2차 함수

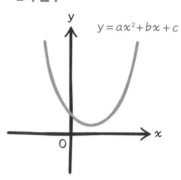

$$y = ax^2 + bx + c$$

"함수는 사상의 특별한 경우였구나. 그렇긴 하지만 함수는 잘 모르겠어."

"하지만 함수(일본어에서는 關數)란 말을 '관계가 있는' 두 개의 '수'라고 생각하면 어쩐지 알 수 있을 것 같아."

"중학교에서는 계산할 수 있는 식으로 썼다니, 그러면 계산할 수 없는 식도 있나? 그리고 중학교에서는이라니, 중학생을 우습게 보는 거 아니야?"

"그래, 선생님은 어린 중학생이 부러운 거야!"

어쩐지 불만이 있는 것 같은데, 정말로 계산할 수 없는 식이라는 게 있는지 어떤지는 나중에 보기로 합시다. 여기서는 어찌됐건 대응 일반을 '사상'이라고 하며 특히 수에 수를 대응시키는 것을 함수라고 한다고 이해하고 넘어갑시다. 여러 가지 사상과 함수의 예를 몇 가지 더 생각해보겠습니다.

⑩ **수에 수를 대응시키는 괴상한 함수로서, 다음과 같은 예가 있습니다.**

$$f(x) = \begin{cases} 0\,(x가\ 유리수일\ 때) \\ 1\,(x가\ 무리수일\ 때) \end{cases}$$

유리수란 분수로 쓸 수 있는 수, 무리수란 분수로 쓸 수 없는 $\sqrt{2}$나 π 같은 수입니다. 실수는 유리수가 아니면 무리수입니다. 그러므로 위의 식으로 예를 들자면 x가 유리수인 3이면 $f(3)=0$이고, x가 무리수인 $\sqrt{2}$이거나 π이면, $f(\sqrt{2})=1$, $f(\pi)=1$이 됩니다. 그러므로 이런 규칙에 따라 어떤 수가 주어지면 그에 대응하는 수를 정할 수 있지만, 그 규칙을 계산식으로 나타내는 것은 어렵겠지요. 물론 식으로 나타낼 수는 있지만, 까다롭고 어려운 식이 됩니다. 일반적으로 어떤 수가 무리수인지 아닌지를 조사하는 것은 매우 어려운 일입니다. 예를 들어 2009년 현재 원주율 π와 자연대수의 밑수인 e에 대해 수 π $+e$가 무리수인지 유리수인지는 알려져 있지 않습니다. 원주율 π만큼이나 중요한 무리수 e에 대해서는 나중에 좀 더 설명하겠습니다.

⑩ **이번에는 자연수로부터 자연수로의 함수를 생각해봅시다.**

$$f(n)\ =\ n번째의\ 소수$$

이것은 자연수 n이 주어지면 거기에 n번째의 소수(1과 자기 자신으로밖에는 나눠지지 않는 2, 3, 5, 7, 11, 13,……과 같은 수)를 대응시키는 사상입니다. 구체적으로는,

$$f(1)=2, \ f(2)=3, \ f(3)=5, \ f(100)=541$$

등이 되겠습니다. 백 번째 소수가 541이라는 것은 소수표를 보면 알 수 있습니다. 그런데 2009년 현재 일반적인 n에 대해 $f(n)$을 효과적으로 구하는 방법은 알려져 있지 않습니다. 우리는 소수가 무한하게 있다는 사실과 꽹장히 큰 소수도 일부 찾아내서 알고 있지만, n번째의 소수가 무엇인지는 모릅니다. 이와 같이 함수를 '수와 수를 대응시키는 규칙'이라고 했을 때 분명 어떤 주어진 수에 대응하는 수가 있다는 것은 알지만 그 값을 구체적으로 계산해낼 수 없는 경우가 있습니다.

그런데, 수와 수의 대응을 떠나 일반적으로 물건과 물건을 대응시키는 것도 함수(저자는 '함수'를 특히 수와 수의 대응관계라고 하고, *function*은 그보다는 더 폭넓은 의미로 사용했지만, 예에서는 그냥 함수라고 번역했다-옮긴이)라고 한다면, 물건의 세계에도 여러 가지 함수(*function*)가 있을 겁니다. 자동판매기 같은 것이 그 전형입니다. 대응을 '입력'과 '출력'으로 볼 수 있다면, 뭔가를 넣으면 다른 것이 되어 나올 때에도 대응이라고 할 수 있습니다. 돈을 넣으면 캔 주스나 탑승권 같은 것으로 '바뀌어서' 나오는 자동

판매기도 일종의 함수(*function*)인 겁니다. 여기서는 돈이 '입력', 탑승권이나 주스 캔이 '출력'입니다.

이 경우 자동판매기를 사용하는 사람은 자동판매기 안의 구조를 몰라도 별 문제가 없습니다. 중요한 건 입력으로서의 금액과 출력으로서의 표 사이에 대응관계가 있다는 겁니다. 내용물의 구조와 상관 없이 어떤 것을 '입력'하면 그에 맞게 대응해서 '출력'되는 장치를 공학 용어를 써서 '블랙박스'라고 합니다.

확실히 현실세계에서 입력과 출력을 대응시키는 장치 중에는 블랙박스로 되어 있는 것이 많습니다. 실제로 키보드의 입력을 문장으로 고쳐주는 워드프로세서 등도 일종의 블랙박스이고, 컴퓨터 본체의 구조나 소프트웨어를 잘 알지 못하는 사람에게는 다양한 소프트웨어를 포함한 컴퓨터 전체가 일종의 블랙박스입니다.

"선생님의 강의도 블랙박스야."

"그거, 너 같은 애에게도 어째서 점수를 주는지 모른다는 뜻?"

대응이나 블랙박스라는 사고방식을 써서 사상을 넓은 의미로 다룰 수 있다는 점에 주목해주세요. 어떤 개념을 확장해나가는 것은 수학이라는 학문이 지닌 큰 특징입니다. 그것은 수학이 넓은 분야에 응용할 수 있는 지식을 추구해왔기 때문입니다. 달리 말하면 '이 세계의 구조를 알아'보는 데 두루두루 쓸 수 있는 지식이라고 생각하면 됩니다.

1장에서 말씀 드린 수의 개념은 여러 가지 경우에 적용되는 지식의 좋은 예입니다. 수는 개수, 많고 적음, 양 따위를 나타낼 뿐만 아니라 물건의 순서와 조작, 혹은 두 양의 관계까지도 나타낼 수 있습니다. 사상에 대해서도 보편적인 정의를 내림으로써 이 세계에는 사상이라고 생각할 수 있는 관계가 많다는 것을 알 수 있었고, 수학을 사용할 수 있는 범위도 그만큼 늘어났습니다.

다만 여기서 조금 주의해야 할 것은, 여러 방면으로 사용할 수 있는 일반성을 추구하다 보면 개념이 너무 추상화되어 개성을 지닌 하나하나의 사례로부터 멀어진다는 겁니다. 확실히 일반론은 어떤 의미에서 깨끗한 투명성을 갖고 있습니다. 이것은 수학이 갖는 아름다움의 원천이기도 합니다. 그에 비해 하나하나의 구체적인 사안은 이것저것 뒤섞여 있어 흙내가 날지도 모릅니다. 그러나 그 뒤섞여 흙내 나는 것들 속에 개별 사례의 본질이 있을

수도 있습니다. 그 사실을 이해한 다음에 수학으로서의 일반론
을 추구해가는 것이 중요할 것입니다.

변화를 조사한다는 것

　이제부터는 일반론에서 좀 떨어져 나와 수와 수를 대응시키는 '함수'에 대해 살펴보겠습니다. 수와 수의 관계성을 생각해보자는 겁니다.

　우리가 수와 수를 대응시키는 함수를 처음 만나는 건 초등학교에서 배우는 '정비례'입니다. 초등학교에서는 함수라는 말을 사용하지 않으므로 단지 정비례라고 하지만, 정비례도 함수의 일종입니다. 그럼 초등학교 교과서로 돌아가 정비례란 어떤 함수인지 생각해봅시다.

　정비례가 뭐였나요?

　　"에—, 한 쪽이 늘어나면 다른 쪽도 늘어나는 두 개의 양이었었나?"

　　"시간과 거리 같은 것도 있었던 것 같은데."

　　"으—응, 비슷하지만 틀렸네."

　　"어라, 선생님, 그거 틀렸지만 비슷하다라고 표현할 수도 있지 않나요?"

　　"……."

초등학교에서는 보통 정비례를 다음과 같이 정의합니다.

초등학교에서는 ○라든가 △로 양을 나타냅니다. 또한 정비례만을 다루므로 정비례한다고 말하지 않고 '비례한다'라고도 표현합니다. 어쨌든 다음과 같은 것이 초등학교 때 배우는 정비례의 정의입니다.

> **정비례**
>
> 두 개의 양 ○와 △가 있고,
>
> ○의 양이 두 배, 세 배……가 되면 그에 따라서 △의 양도 두 배,
>
> 세 배……가 될 때, △는 ○에 비례한다.
>
> (대일본도서 소학산수 6년 하)

"앗, 생각났다. 이 두 배, 세 배라는 말이 어쩐지 리드미컬하게 발음이 잘되는 바람에 아직도 안 잊어버리고 있어요."

"그래, 한쪽이 늘어나면 다른 쪽도 늘어난다라고 표현하는 것만으론 안 돼."

그렇습니다. 한쪽이 늘어나면 다른 쪽도 늘어난다는 것만으로는 안 됩니다. 한쪽이 변화하면 다른 한쪽도 같은 비율로 변화한다고 해야 정비례입니다. 여기서 '같은 비율로'라는 부분이 포인트입니다. 즉 한쪽이 두 배, 세 배가 될 때 다른 쪽도 똑같이 두

배, 세 배가 된다는 뜻입니다. 이건 수와 수의 관계 속에 있는 수학적인 구조를 드러내는 표현입니다.

두 번째의 예에서 시간과 거리가 정비례하려면 속도가 일정하다는 조건이 필요합니다. 속도가 일정하지 않으면 두 배의 시간을 걸어도 거리는 두 배가 되지 않을 수 있습니다. 일정한 속도, 예를 들어 시속 3킬로미터로 걷는 사람이 이 일정한 속도로 계속 걸을 때에는 걸은 시간과 이동거리는 정비례한다고 할 수 있습니다. 하지만 사람은 늘 일정한 속도로 걷는 게 아니므로 이것은 수학적으로 이상화(理想化)한 표현이라는 점에 주의합시다. 그래서인지 어떤 교과서에서는 사람이 아니라 "로봇이 걷는다면" 하는 표현이 나옵니다. 하긴 로봇이라면 일정한 속도로 걸을 수 있을 것 같습니다.

텅 빈 수조에 수도꼭지를 통해 일정량의 물을 흘려 넣으면 물의 양과 수면의 높이는 시간에 정비례하여 늘어납니다. 또한 에스컬레이터는 일정한 속도로 움직이므로 이동거리는 시간에 정비례하고 바닥에서부터의 높이도 시간에 정비례하여 높아집니다.

용수철저울에 물건을 달 때 물건의 무게에 따라 용수철이 늘어나는 정도가 달라지는 것도 역시 정비례하는 사례입니다. 이것이 과학 시간에 배우

는 '훅의 법칙'이고 용수철저울의 원리입니다.

이처럼 수학적인 이상화는 초등학교 수학에서도 나옵니다. 이상화라는 것은 수학의 추상화가 갖는 또 하나의 측면입니다. 어쨌든 수학에서 나오는 사고방식을 구체적인 현실에 적용할 때에는 수학에서는 많은 것들이 이상화되어 있다는 사실을 충분히 고려해야 합니다. 현실의 구체적인 문제는 수학에서처럼 이상화될 수 없으며 다양한 면들이 섞여 있다는 사실을 다시 한 번 강조하고 싶습니다.

자, 다시 주제로 돌아와서 정비례라는 관계는 문자를 사용하여 표시하는 게 훨씬 이해하기 쉽습니다. 변화하는 양이나 수를 x와 y라는 문자로 나타내고 다음과 같이 표시해봅시다.

x	1	2	3	4	5	⋯⋯⋯
y	3	6	9	12	15	⋯⋯⋯

이 표를 보면 x가 1, 2, 3,⋯⋯으로 변화해갈 때, x가 두 배, 세 배로 되면 y도 두 배, 세 배가 되는 것을 알 수 있고, 따라서 y는 x에 정비례한다고 말할 수 있습니다. 이 표를 정비례 표라고 하는데 표를 가만히 바라보면 그 밖에 여러 가지를 알 수 있습니다. 가만히 뚫어져라⋯⋯.

"선생님. 아이구 참. 너무 그렇게 처다보지 말아요!"

"잘 보세요, 변화의 법칙입니다."

　변화의 법칙을 조사하기 위해서는 일단 어떤 규칙으로 변화하는지 먼저 봐야 하겠죠. 정비례의 경우, x가 두 배, 세 배가 되면 y도 두 배, 세 배가 된다는 규칙에 따라 변합니다. 이것은 정비례의 정의 그 자체입니다.

　한편 변화하는 양 속에서 변하지 않는 것은 무엇인지, 일정하게 유지되는 것은 없는지 살펴볼 필요가 있습니다. 변화를 파악하는데 변화하지 않는 것을 생각한다고 하니까 어째 좀 이상한가요?

　변화 속에서도 변하지 않는 것, 바로 거기에 변화의 본질적인 부분이 숨어 있을 수 있다는 생각은 수학에서 매우 중요한 사고방식 중 하나입니다. 수학에서는 조금 어려운 말로 '불변량(不變量)'이라고 합니다. 어렵다고는 해도 한자의 뜻만 알면 그 의미는 잘 알 수 있지요.

"불·변·량, 아아, 변하지 않는 양이군요."

　그럼 정비례에서 불변량은 뭘까요. 표를 뚫어져라 보니 뭐가 보이나요? 표를 가만히 보고 있으면……. 그렇습니다, x와 y의 비에 변화가 없다는 것을 알 수 있습니다. x가 어떻게 변하든 x에 대응하는 y와의 비의 값은 3으로 일정합니다. 식으로 쓰면,

$$\frac{y}{x} = 3$$

이 됩니다. 이것이 정비례 안에 숨어 있는 불변량입니다. 이 비의 값 3을 이 정비례의 '비례상수'라고 합니다. 이 비례상수가 앞에서 말한 정비례의 불변량입니다. 그런데 이 식은 분모를 없애면,

$$y = 3x$$

로 되고, 우리가 잘 알고 있는 정비례 함수의 식이 됩니다. 일반 적으로 비례상수를 a라고 하면 정비례는,

$$y = ax$$

라고 나타낼 수 있습니다. 이와 같이 정비례 함수를 식으로 나타 내면 이 정비례 관계가 몇 개의 정해놓은 수만이 아니라 정수든 분수든 가릴 것 없이 x의 어떤 값에 대해서도 성립한다는 것을 알 수 있습니다. 즉 연속적으로 변화해가는 x의 모든 값에 대응 하여 역시 연속적으로 변화해가는 y의 모든 값을 구할 수 있다 는 이야기입니다. 이것이 함수의 원리를 보여주는 대표적인 정비 례 식입니다. 정비례 함수는 무척 간단한 함수입니다. 나중에 함 수의 행동방식을 미분·적분을 써서 분석할 때 가장 중요하게 사 용됩니다.

초등학교에서는 이 식으로 나타나는 정비례 함수를 그래프로 표현합니다. 정비례 함수의 그래프는 잘 알려져 있듯이 (0, 0)에서 출발하는 직선입니다.

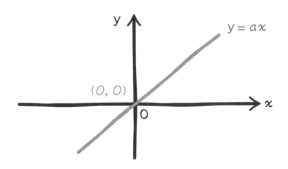

어떤 함수의 성질을 파악하고자 할 때에는 표나 식이나 그래프를 통일적으로 이용할 수 있어야 합니다. 표를 분석함으로써 함수의 성질을 발견해내고, 그것을 식으로 나타내어 수학적으로 다룰 수 있게 하며, 식을 그래프로 그려서 직관적인 이해를 돕는 겁니다.

"표, 식, 그래프라는 게 뭐예요? 피 식 웃는 포도?"

"자꾸 헛소리 할래요?"

그런데 정비례 함수 속에는 불변량이 하나 더 숨어 있습니다. 그것을 발견하기 위해 아까의 표를 보면서 변화의 모습을 한 번 더 확인해봅시다.

x가 1에서 2로 1만큼 변화하면, y는 3에서 6으로 3만큼 변화했습니다. x의 다른 값을 가지고 다시 확인해봐도 마찬가지입니다. 예를 들어 x가 3에서 4로 1만큼 변화하면, y는 9에서 12로 역시 3만큼 변화했습니다.

그럼 x가 2에서 5로 3만큼 변화하면 y는 어떻게 될까요. 표에서 살펴보면 y는 6에서 15로 9만큼 변화했습니다. 즉 이 정비례는 x가 1만큼 변화하면 y는 3만큼 변화하고, 그 변화량은 늘 일정하게 3이라는 겁니다. 이런 사실은 함수의 식 y=3x를 써서 일반적으로 표현할 수 있습니다. x의 값이 임의의 x로부터 1만큼 변화하여 x+1이 됐을 때 y=f(x)의 변화량은 f(x+1) − f(x)이라고 표시할 수 있습니다. 따라서 이 정비례식을 y=f(x)=3x라고 하면,

$$f(x+1) - f(x) = 3(x+1) - 3x = 3$$

으로 되어, 정말 x의 값이 무엇이든 그 결과가 일정해집니다. x가 1만큼 변화하는 데에 대응한 y의 변화량은 일정하다는 것, 이것도 정비례 속에 숨어 있던 불변량입니다. 일반적으로 x의 1(단위)의 변화에 대한 함수 y의 변화를 '함수의 변화율'이라고 합

니다. 즉 함수 $y=f(x)$의 변화율은 x의 변화량 h에 대한 y의 변화량의 비율을 구하면 되는 것으로,

$$변화율 = \frac{f(x+h) - f(x)}{h}$$

로 됩니다. 정비례 함수 $y=ax(=f(x))$에서는 이 변화율은,

$$
\begin{aligned}
정비례\ 함수의\ 변화율 &= \frac{f(x+h) - f(x)}{h} \\
&= \frac{a(x+h) - ax}{h} \\
&= \frac{ah}{h} \\
&= a
\end{aligned}
$$

로 일정합니다.

이 '변화율 일정'이라는 규칙이 '정비례에서 x와 y가 똑같이 변화한다'라는 감각을 지탱해준다고 생각할 수 있겠습니다.

여기서 찾은 두 개의 불변량(비례상수와 일정한 변화율)에 대해서 한 번 더 생각해봅시다.

비례상수가 일정하다는 불변량은 비례상수를 a로 하면,

$$\frac{y}{x} = a$$

라고 쓸 수 있으므로, 분모를 없애면,

$$y = ax$$

로 되며, 이것은 정비례에 지나지 않습니다. 즉 두 변수의 비가 일정($\frac{y}{x} = a$, 비례상수가 일정)하다는 그 자체가 두 변수가 정비례 함수($y = ax$)관계에 있다는 것을 나타냅니다. 달리 말하면 '두 변수의 비가 일정한 함수는 정비례 함수밖에 없다'는 겁니다. 그에 비해 '변화율 일정'이라는 불변량은 그 자체만으로는 정비례 함수를 보장하지 않습니다. 정비례 함수가 아닌 다른 함수에서도 변화율은 일정할 수 있습니다. 그 점에 대해서는 다음 강의에서 자세히 알아보도록 하고, 여기서는 변화를 분석하는 일에 대해서만 생각하겠습니다.

변화를 분석함으로써 알아낼 수 있는 건 뭘까요?

"센야마 선생님의 기말시험 출제 경향을 분석하면 점수를 얻기가 쉬워진다가 아닐까?"

"그런 농담 말고……."

"선생님, 점수를 얻느냐 아니냐 하는 건 농담이 아니에요. 학생에게는 절실한 문제라구요."

뭐, 그럴지도 모르겠군요. 아아, 그것도 일종의 미래 예측이지요. 실은 변화를 분석하면, 이 변화가 계속될 경우 몇 년 뒤에는 어떻게 될 것인가, 하는 것을 알 수 있습니다. 그 결론이 우리에게 그다지 좋은 것이 아니라면, 예를 들어 청년 실업률이 올라간다든가 지구 온난화가 심화된다든가 하는 거라면 그 결과를 피하도록 노력하여 변화의 방향을 바꿔야 하겠지요.

이산화탄소의 배출량이 이대로 계속 증가한다면 어떻게 될까, 하는 사항에 대해서는 이미 많은 연구가 진행되었습니다. 이것이 변화를 분석하는 것이 지닌 하나의 의미입니다. 참고로 이산화탄소 배출량의 변화 추세를 그래프로 나타낸 걸 한번 볼까요.

변화를 조사한다고 할 때 알아두어야 할 중요한 사항을 하나 더 말하자면, 많은 사회적·자연적 변화의 현상은 재현해볼 수

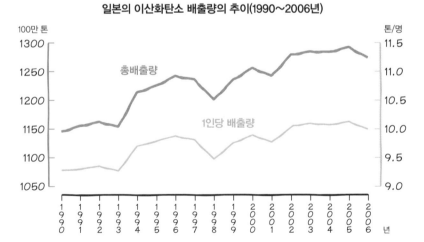

일본의 이산화탄소 배출량의 추이(1990~2006년)

출처 : 온실효과가스 인벤토리 오피스

없지만 수학적으로 파악된 함수는 재현할 수 있다는 겁니다. 예를 들어 어떤 특정한 날의 기온 변화를 다른 날에 그대로 재현하는 것은 불가능합니다. 그러나 그것을 기초로 작성한 기온 변화의 모델 함수는 재현 가능하고 거기에 기초하여 평균적인 하루의 기온 변화 같은 것을 알아볼 수 있습니다. 단풍 전선, 벚꽃의 개화시기 등에 대해서도 같은 말을 할 수 있습니다. 이것이 수학적인 함수가 해내는 중요한 역할 중 하나입니다. 실제 현상과 수학으로서의 함수를 잘 구분하여 사용하는 것이 필요할 겁니다.

1차 함수와 2차 함수

지난번에는 초등학교에서 배운 정비례에 대해 조금 자세히 검토해봤습니다. 정비례 함수에서는 그저 변화하는 것이 아니라 '일정한 비율로 변화한다'는 것이 중요하고, 특히 '일정한 변화율로 변화하는' 함수는 정비례 말고도 더 있다는 얘기를 했습니다. 여기에서는 그와 같은 함수에 대해 다뤄보겠습니다.

y가 x의 다항식, 즉 $2x^2 - x + 2$라든가 $3x - 5$ 등의 식으로 표현할 수 있는 함수를 일반적으로 '다항식 함수'라고 합니다. 물론 차수가 올라가면 함수는 점점 더 복잡해지지만 여기서는 특별히 가장 간단한 1차 함수와 2차 함수에 대하여 조금 자세히 살펴보겠습니다. 양쪽 다 중학생 때 처음으로 배우는 중요한 함수입니다. 사실 '0차 함수'라는 것도 있습니다. 0차 함수란 0차 식, 즉 정수로 표현되는 함수로 $y = a$라는 함수입니다.

"함수라니, 선생님, x가 안 보이잖아요?"

"$y = f(x) = a$라고 하면 x가 보이나요?"

"$y = a$라는 건 x가 변화해도 y의 값은 계속 a인 채로 변하지 않는다는 건데, 그럼 함수가 안 되는 것 아닐까요?"

네, 그런 것이 다들 수학을 싫어하는 이유 중 하나일지도 모르겠습니다. 하지만 '변화하지 않는다'는 것도 변화의 하나라고 생각하는 것이 수학이라는 학문입니다.

"선생님, 보통 사람은 그런 걸 독단적인 강변이라고 하는데요!"

어쨌든 이것도 일반화의 한 예로 생각해주세요. 이 경우는 x 가 어떤 값을 취하든 거기에 언제나 일정한 값 a를 대응시키는 함수라고 생각할 수 있습니다. 맞아요, 변화 법칙이 아니고 대응 관계라고 생각하면 그렇게 이상하지도 않지요. 여기서도 함수를 대응이라고 생각하는 것이 왜 중요한지 알 수 있습니다. 하지만 이래서는 너무 간단하므로 일단 1차 함수부터 시작하겠습니다.

y가 x의 1차식으로 표현되는 함수, 즉,

$$y = ax + b$$

로 나타내지는 함수를 '1차 함수'라고 합니다. 특히 $b=0$의 경우가 정비례 함수이기 때문에 정비례 함수란 1차 함수의 특별한 경우라고 말할 수 있습니다.

그런데, 함수를 나타내는 간단한 방법은 함수의 그래프를 그려보는 겁니다. 평면 상에 x축과 y축을 그리고 좌표(x, y)에 대응하는 점의 위치를 순서대로 써서 이어가면 함수의 그래프를 그릴 수 있습니다. 1차 함수의 그래프는 잘 알려져 있듯이 직선입니다.

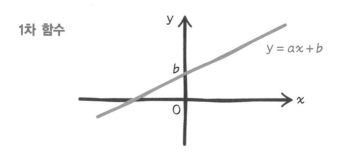

1차 함수

$y = ax + b$

그럼 1차 함수에 어떤 불변량이 숨어 있는지 알아봅시다. 표를 보면서 하는 것이 쉬우므로 1차 함수 $y = 2x + 3$에 대해서 표를 만들어봅시다.

x	1	2	3	4	5	········
y	5	7	9	11	13	········

$\frac{y}{x}$의 값이 일정한 것은 앞에서 알아봤던 대로 정비례 함수의 특징이었습니다. 하지만 여기서는 이 비의 값이 일정하지 않으니 일반 1차 함수는 정비례가 아니라는 것을 알 수 있습니다. 그런데 많은 사람이 1차 함수로 표현되는 변화를 정비례라고 생각합니다. 이것은 어째서일까요?

"어째서일까요라니, 마치 남의 얘기하듯 하시네요. 어째서일까요? 아아, 그런 게 훌륭한 사람이 쓰는 어법인가요? 선생님."

"어째서인지, 그걸 가르쳐주는 것이 선생님의 역할 아니던가요?"

아, 거 참, 선생님의 역할 중 하나는 여러분에게 스스로 생각하는 습관을 붙여주는 겁니다. 이건 스스로 생각해보면 알 수 있는 건데……. 그럼 다 같이 함께 알아봅시다.

1차 함수에서는 두 변수 x, y의 비가 일정하지 않다는 것을 알았습니다. 그럼 정비례에서 찾아냈던 또 다른 불변량, 변화율 쪽은 어떨까요.

함수 $y=f(x)=2x+3$에 대해, x가 1만큼 변화할 때 y의 변화량은 얼마인지 조사해봅시다.

$$f(x+1)-f(x)=(2(x+1)+3)-(2x+3)=2$$

변화율을 더 일반적으로 보면,

$$\frac{f(x+h)-f(x)}{h}=\frac{(2(x+h)+3)-(2x+3)}{h}$$
$$=\frac{2h}{h}$$
$$=2$$

가 되어 역시 2가 됩니다.

과연, 두 변수 x와 y값의 비는 일정하지 않지만, 두 변수의 변화량의 비율, 즉 변화율은 일정하네요. 그러므로 변화율은 1차 함수의 불변량이라는 것을 알 수 있습니다. 1차 함수가 정비례한다는 느낌을 주는 것은 이 불변량 때문이었습니다. 이러한 느낌은 함수

$$y = ax + b$$

를

$$y - b = ax$$

로 변화시켜 보면 아하, 하고 납득할 수 있습니다. 이 식은 출발점인 $x = 0$에서 이미 주어져 있던 $y = b$라는 양을 y로부터 뺀 $y - b$의 값은 x에 비례한다는 것을 보여줍니다. 이때 $y = b$라는 양을 '초기 조건'이라고도 합니다. 즉 $x = 0$일 때의 y의 값입니다. 따라서 1차 함수는 '초기 조건을 무시하면, 변화가 정비례로 나타나는 함수'라는 것을 알 수 있습니다. 이것을 다른 방식으로 정리하면, 1차 함수 $y = ax + b$는 $y - b = ax$로 쓸 수 있으며 이때 $y - b$를 Y, x를 X로 변수를 바꿔 써넣으면 Y = aX, 즉 정비례 함수가 된다고 말할 수 있습니다.

또 같은 식 $y = ax + b$를 이번에는,

$$y = a\left(x + \frac{b}{a}\right)$$

로 변형시켜 보면 y가 $\left(x + \frac{b}{a}\right)$에 정비례하는 것을 알 수 있습니다. 즉 x의 출발점을 조금 되돌려서 변화가 $x = 0$에서부터가 아니라 $x + \frac{b}{a} = 0$, 즉 $x = -\frac{b}{a}$부터 시작됐다고 생각하면, 역시 정비례가 된다는 것입니다. y의 값이 0에서 시작될 수 있도록 변화의 시간을 되감아 과거로 거슬러 올라가서 변화를 살펴보는 겁니다. 이것을 다르게 정리하면, y를 Y, $x + \frac{b}{a}$를 X로 변수를 바꿔 쓰면 마찬가지로 정비례 함수 $Y = aX$가 된다고 말할 수 있습니다.

즉 물이 이미 조금 들어 있는 수조에 일정량의 물을 부을 때 처음부터 들어 있던 물을 무시하고 늘어난 양만을 생각하면 정비례, 또는 시간을 조금 거슬러 올라가 수조가 텅 빈 상태부터 b가 될 때까지 같은 비율로 물을 부었다고 생각해도 정비례가 된다고 말할 수 있습니다.

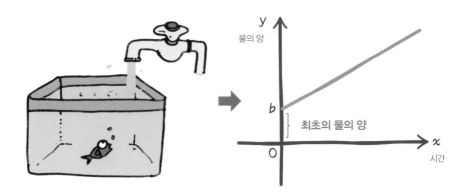

이것이 1차 함수입니다. 정리해보면,

> 정비례 함수 : 변량 y가 변량 x에 정비례하는 함수
> 1차 함수 : 변량 y의 변화량이 변량 x의 변화량에 정비례하는
>   함수

라고 할 수 있습니다.

그러므로 1차 함수를 정비례처럼 생각한 건, 적중한 것은 아니지만 크게 빗나간 것도 아니라고 할 수 있습니다. 단 출발점이 0이 아닐 때는 정비례가 안 된다는 점을 기억해둬야 합니다. 또 이 결과를 "1차 함수는 원점을 평행이동한 정비례 함수다"라고 이야기할 수도 있겠습니다.

이어서 변화율이 일정하지 않은 함수를 다뤄보겠습니다.

2차 함수

변화율이 일정하지 않은 함수로 처음 나오는 것은 '2차 함수'입니다. 중학교에서 배우는 2차 함수는,

$$y = ax^2$$

라는 형태를 하고 있습니다. 이것을 '2제곱 비례 함수'라고 부르는 경우도 있지만 일반적인 2차 함수는,

$$y = ax^2 + bx + c$$

라는 형태를 취하고 있고, 이것은 고등학교에서 배웁니다. 2차 함수가 왜 중요할까요?

"또 시작됐다. 왜 중요할까요라니, 또, 또 남의 말하듯 하시네."
"하지만, 그건 물리에서도 공부한 적이 있는데."

네, 그렇지요. 실은 2차 함수는 자연현상 속에 많이 나옵니다. 사과를 떨어뜨리면 사과가 떨어지는 속도는 점점 빨라지고 그것과 동시에 떨어지는 거리도 가속해서 커집니다. 그 낙하거리가 2차 함수로 표현됩니다. 경사면을 굴러가는 공의 이동거리도 2차 함수로 표현할 수 있습니다.

"선생님, 사과는 떨어뜨리는 게 아니라 떨어지는데요."
"또 쓸데없는 소리. 자네, 점수는 떨어지는 게 아니라 떨어뜨리는 거야!"

사과와 공은 지구의 중력에 이끌려서 떨어지거나 구르거나 합니다. 이때 중력은 늘 일정한 크기로 사과나 공을 아래로 잡아당기고, 이것이 2차 함수로 표현되는 운동을 만들어냅니다.

$y=x^2$의 그래프는 다음 그래프같이 깨끗한 커브가 됩니다. 이것을 '포물선'이라고 합니다.

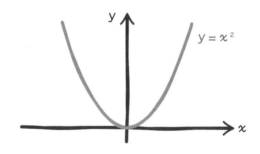

비스듬하게 쏘아 올린 물체는 이런 모양의 곡선을 뒤집어놓은 모습을 그리며 날아가므로 이 곡선을 포물선이라고 합니다.

그럼 포물선 안에는 어떤 불변량이 숨어 있을까요? 이번에도 $y = f(x) = x^2$를 표로 만들어 조사해봅시다.

어떻게 봐도 두 변수 x와 y의 비($\frac{y}{x}$)는 일정하지가 않습니다. 그러므로 2차 함수는 정비례가 아닙니다. 매우 당연한 말이지만

x	1	2	3	4	5	········
y	1	4	9	16	25	········

해오던 순서니까 일단 확인하고 넘어가는 겁니다.

그럼 변화율($\Delta y / \Delta x$)은 일정할까요? x의 변화량이 1일 때 y의 변화량은 어떻게 되는지를 $x = 1$일 때와 $x = 3$일 때를 놓고 조사해봅시다.

$$f(2) - f(1) = 4 - 1 = 3$$
$$f(4) - f(3) = 16 - 9 = 5$$

변화율도 일정하지가 않습니다. x가 1에서 1만큼 늘어났을 때 y값의 변화량과, x가 3에서 1만큼 늘어났을 때 y값의 변화량이 다릅니다. 아쉽게도 여기까지는 2차 함수의 불변량을 찾아낼 수 없습니다. 그러나 포기하지 말고 조금 더 살펴봅시다.

아까 2차 함수 $y = x^2$의 표에서 각각의 x값에 대해 x의 변화량이 1일 때 y의 변화량이 어떻게 되는지 표로 만들어보겠습니

다. 이 표는 각각의 x의 값 아래에 그 값에서 x가 1만큼 변화했을 때 y의 변화량을 써넣은 것입니다.

규칙이 조금 보이기 시작했습니다. 변화율($\frac{y변화량}{x변화량}$, 혹은 x가 1만큼 변할 때의 y변화량−옮긴이)은 일정하지 않지만, 변화율의 변화 방식에는 규칙이 있는 것 같습니다. 변화율은 두 개씩 늘어나는 홀수 행이 되는 것 같지 않나요? 맞습니다. 변화율이 변해가는 모습을 보니 x가 1만큼 변화하면 변화율은 일정하게 2만큼 변화합니다. 이렇게 해서 2차 함수에서의 불변량을 찾아냈습니다. 실제로 다른 2차 함수에서도 같은 사실이 성립되는지 어떤지, 일반적인 함수를 가지고 확인해봅시다.

일반적인 2차 함수를 $y = f(x) = ax^2 + bx + c$라고 하고, 여기서 x가 1만큼 변화할 때의 y의 변화량, 나아가 y의 변화량의 변화량을 구해보겠습니다.

$$
\begin{aligned}
f(x+1) - f(x) &= (a(x+1)^2 + b(x+1) + c) - (ax^2 + bx + c) \\
&= (a(x^2 + 2x + 1) + b(x+1) + c) - (ax^2 + bx + c) \\
&= ax^2 + 2ax + a + bx + b + c - ax^2 - bx - c \\
&= 2ax + a + b
\end{aligned}
$$

이것이 최초의 변화량입니다. 결국 x가 1만큼 변화할 때의 y의 변화량은 x의 함수가 되어 있는데, 이 함수 $2ax+a+b$를 $g(x)$라고 쓰기로 하고 여기서 다시 x가 1만큼 변화할 때 y의 변화량의 변화량은 어떻게 되는지 계산해봅시다.

$$g(x+1)-g(x)=(2a(x+1)+a+b)-(2ax+a+b)$$
$$=2ax+2a+a+b-2ax-a-b$$
$$=2a$$

a는 상수이므로 변화량의 변화량은 일정하다는 것을 알 수 있습니다. 이것이 2차 함수의 불변량입니다. 예를 들어 사과의 자유낙하 운동 같은 것을 생각해보면 변화량의 변화량이 일정하다는 것이 무슨 의미인지 잘 알 수 있습니다. 사과가 땅으로 떨어지는 이유는 지구의 중력에 의해 잡아당겨지기 때문입니다. 지구의 중력은 언제나 일정하고 위의 식에서 $2a$값은 대체로 $9.8m/sec^2$이라는 수치로 나타납니다. 보통은 이 값을 g라고 쓰고 '중력 가속도'라고 합니다.

즉 중력이라는 동일한 크기의 힘이 사과가 떨어지는 동안 계속 작용하는 바람에 떨어지는 속도가 1초마다 대체로 9.8미터씩 더 빨라집니다. 이것이 사과가 떨어지는 속도가 자꾸자꾸 더 빨라지는 이유입니다. 우리가 앞에서 2차 함수의 변화량의 변화량을 계산한 것은, 바로 이 중력 가속도를 구한 것입니다. 즉 사과의 자유낙하 운동은 $y=f(x)=ax^2+bx+c$라는 식으로 표현되며, 그래서 거기에서는 사과의 낙하속도가 매초마다 $2a$만큼 빨라진 겁니다. 그 $2a$의 크기가 9.8이었던 거지요(시간을 x라고 하고, 사과가 떨어진 거리를 y라고 생각하면 $\dfrac{y\text{변화량}}{x\text{변화량}}=x$가 1만큼 변할 때의 y의 변화량 = 속도. 그러므로 y의 변화량의 변화량이란 곧 속도의 변화량, 즉 가속도가 된다. 이 가속도가 중력 가속도이고 그 값은 $9.8m/sec^2$으로 일정하다.—옮긴이).

"그랬구나, 2차 함수에서는 변화율의 변화율이 일정했구나. 몰랐네."

"하지만 말이야. 2차 함수 그래프를 보면 저쪽에서는 줄어들고 이쪽에서는 늘어나잖아. 그래도 변화율이 일정하다고 할 수 있는 거야?"

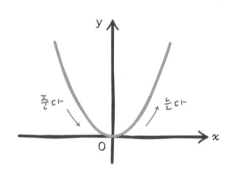

하하, 교육 효과가 나타나는 것 같네요. 마침 잘 알아차렸습니다. 즉 조기(말투가 닮아가네!)에서는 변화율이 마이너스, 즉 y가 줄어들고 있는데, 이쪽에서는 변화율이 플러스, 즉 y가 늘어나고 있습니다. 그래도 변화율의 변화율은 일정하다고 해도 될까요? 이상한가요?

실은 아까 실행한 계산은 지금과 같은 당연해 보이는 의문에 대하여, 하지만 변화의 변화가 정말 일정하다는 것을 식으로 증명한 것입니다. 여기서 수식의 힘이라는 걸 느낄 수 있습니다. 그런 점에서 아까 학생이 그런 질문을 한 것은 아직은 수식에 포함되어 있는 의미를 완전히 파악하지 못했기 때문이라고 할 수 있습니다. 자, 그러면 이제 식의 의미를 온전히 파악해보아야 하겠네요. 그러려면 식이 나타내는 것을 그림으로 그려 보는 것은 무척 도움이 됩니다. 식의 의미를 이미지로 파악해보는 겁니다. 이제 이 그림을 가만히 보세요.

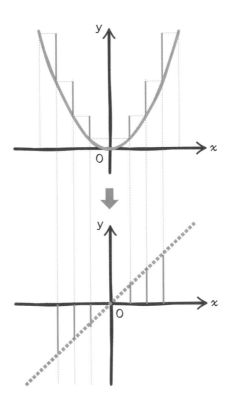

"가만히가 선생님의 특기야. 어쨌든 가만히……. 우와아, 알았다!"

"깜짝이야. 놀라게 좀 하지 마. 그럼 나도 가만히……. 엇, 정말이다! 알았어."

보인 모양이군요. 마이너스 변화량, 즉 감소폭이 계속 줄어서 (이건 눈에는 보이지 않지만 +쪽으로의 변화가 계속되고 있다는 것을 의미합니다) 마이너스였던 변화량이 드디어 0이 되고 이어서 플러스로 되어가는 거죠. 오, 멋져요.

자, 이렇게 하여 변화의 변화가 일정하다는 2차 함수의 불변량을 찾아냈는데, 2차 함수에는 그 외에도 하나 더 특징적인 것이 있습니다. 그 점에 대해 알아봅시다.

대부분의 사람들은 2차 방정식의 해법을 배울 때 '완전제곱식'이라는 기술을 썼을 겁니다. 이런 계산입니다.

$$
\begin{aligned}
ax^2 + bx + c &= a\left(x^2 + \frac{b}{a}x\right) + c \\
&= a\left(x^2 + \frac{b}{a}x + \left(\frac{b}{2a}\right)^2\right) + c - a\left(\frac{b}{2a}\right)^2 \\
&= a\left(x + \frac{b}{2a}\right)^2 + \frac{4ac - b^2}{4a}
\end{aligned}
$$

중학생이 처음으로 이런 계산식을 공부할 때에는 왜 이런 성가신 변형을 하는지 좀처럼 알 수 없다고 짜증을 잘 내지요. 포인트는 x를 포함한 식을 (x의 1차식)^{2}의 형태로 고치는 데에 있는데, 실은 이렇게 변형해놓고 보면 여러 가지 것들이 눈에 들어

옵니다. 물론 2차 방정식의 해의 공식이 구해지는 것도 그 하나입니다. 해의 공식은 방정식

$$ax^2 + bx + c = 0$$

을 이 변형에 의해,

$$a\left(x + \frac{b}{2a}\right)^2 + \frac{4ac - b^2}{4a} = 0$$

으로 고치고, 이것을 풀면 얻어집니다.

$$a\left(x + \frac{b}{2a}\right)^2 + \frac{4ac - b^2}{4a} = 0$$

$$a\left(x + \frac{b}{2a}\right)^2 = \frac{b^2 - 4ac}{4a}$$

$$\left(x + \frac{b}{2a}\right)^2 = \frac{b^2 - 4ac}{4a^2}$$

$$x + \frac{b}{2a} = \frac{\pm\sqrt{b^2 - 4ac}}{2a}$$

$$x = \frac{-b \pm \sqrt{b^2 - 4ac}}{2a}$$

2차 방정식의 해의 공식은 앞으로 공부할 수학의 중요한 기초 가운데 하나이지만, 위처럼 식을 변형한 것이 해의 공식을 유도하는 데에만 쓰이는 것은 아닙니다. 이것은 2차 함수의 성질을 파악하는 데에도 도움이 됩니다. 2차 함수,

$$y = ax^2 + bx + c$$

를 위의 방법으로 변형하면,

$$y = a\left(x + \frac{b}{2a}\right)^2 + \frac{4ac - b^2}{4a}$$

로 되는데, 이것을 한 번 더 변형하여,

$$y + \frac{b^2 - 4ac}{4a} = a\left(x + \frac{b}{2a}\right)^2$$

으로 고쳐봅시다. 이것은 전에 1차 함수 $y = ax + b$를 $y - b = ax$ 혹은 $y = a\left(x + \frac{b}{a}\right)$로 고친 것과 맥을 같이 합니다.

여기서 $y + \frac{b^2 - 4ac}{4a}$ 를 Y, $x + \frac{b}{2a}$ 를 X로 고쳐 써보면 이 2차 함수는,

$$Y = aX^2$$

로 되는 것을 알 수 있습니다.

이건 무엇을 의미할까요? 1차 함수에서 변수를 변형하면 모든 1차 함수를 정비례로 바꿀 수 있다는 것을 공부했습니다.

"또, 또, 뭘 의미할까요라니, 뻔하잖아요. $Y = aX^2$이 $Y = aX^2$이 지 뭐겠어요."

"하지만 이 변형은 맘에 안 들어. 왠지 어지러워서."

허허, 그렇게 퉁퉁거리지만 말고 생각을 좀 해봐요. 식의 의미가 뭐냐 하는 것을 알기 위해서는 단지 결과만 봐서는 안 되고 일련의 식 변형 전체를 봐야 합니다. 그렇게 봤을 때 이 식은 어떤 2차 함수라도 결국에는 $Y=aX^2$으로 변형할 수 있다는 것, 그래서 결국 2차 함수란 이것밖에 없다고 해도 좋다는 걸 의미하는 것 아닐까요.

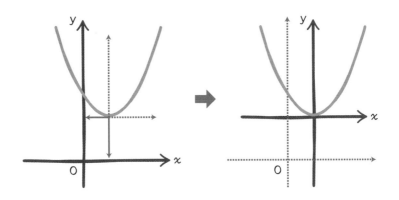

이 식의 모양에서 읽어낼 수 있는 것은 무엇일까요?

중학교에서는 2차 함수를 다룰 때 $Y=aX^2$ 형태밖에 다루지 않습니다. 이런 형태의 2차 함수를 경우에 따라서는 제곱에 비례하는 함수, 제곱비례 함수 등으로도 부릅니다. 그런데 이미 봤듯이 어떤 2차 함수라도 결국에는 $Y=aX^2$의 형태로 변형할 수 있으므로 중학교에서 배운 2차 함수가 여러 종류의 2차 함수 중 특수한 경우라고 할 수 없다는 것을 알 수 있습니다. 어떤 2차 함수라도 좌표축만 적당히 이동하면 제곱비례 함수로 고칠 수 있습니다. 그러므로 중학생이 배우는 제곱비례 함수만 가지고도 모든 2차 함수의 형태를 다 분석할 수 있다는 이야기입니다.

그런데 이 사실로부터 하나 더 재미있는 사항을 알 수 있습니다. 그것은 2차 함수 $y=ax^2+bx+c$의 그래프 형태를 결정하는 것은 x^2의 계수 a만이고, 나머지 $bx+c$라는 부분은 아무 영향을 주지 않는다는 사실입니다. 2차 함수에 섞여 들어와 있는 $bx+c$라는 1차의 부분은 이 2차 함수의 그래프, 즉 포물선이 평면 상의 어느 위치에 있는가에만 영향을 줄 뿐 포물선의 형태와는 무관하다는 사실을 잘 알아둡시다.

그리고 마지막으로 하나 더 말하자면, $Y=aX^2$의 그래프는 $Y=X^2$의 그래프를 a배 한 것입니다. 즉 $Y=X^2$의 그래프를 a배 하면 $Y=aX^2$의 그래프에 딱 겹쳐지므로, 그건 이 두 개의 그래프가 닮았다는 얘깁니다. 따라서 모든 포물선은 서로 닮은 것이 됩니다.

여러분은 '형태'란 무엇인가에 대해 생각해본 적이 있나요? 형태에 대한 생각은 여러 가지가 있지만, 그 중 하나로 '같은 형태란 닮은 형태를 말한다'라는 것이 있습니다. 즉 모든 원은 닮았으므로 원이라는 형태는 한 종류밖에 없습니다. 또한 모든 정

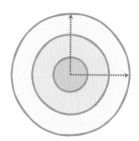
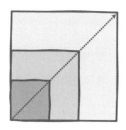

사각형도 닮았으므로 정사각형이라는 형태도 한 종류밖에 없습니다. 그것에 비하여 직사각형이라는 형태는 여러 가지가 있습니다.

모든 포물선이 서로 닮았다면, 이 세계에는 포물선이라는 형태가 한 종류밖에 없다는 이야기가 됩니다. 이것은 꽤 재미있는 일입니다. 예를 들어 타원의 형태는 원에 가까운 것에서부터 가늘고 긴 것까지 여러 가지가 있고 서로 닮지 않았습니다. 지구의 궤도는 원에 가까운 타원이고 핼리 혜성의 궤도는 좀 더 가늘고 긴 타원입니다. 그러나 포물선에는 확대와 축소는 있어도 가늘고 긴 포물선이라는 건 없으므로, 만약 천체가 포물선 궤도를 그리며 움직이고 있다면 그 궤도를 모두 확대하거나 축소하면 서로 겹치게 됩니다.

"모든 포물선이 서로 닮았다니, 그렇게 생각해본 적은 없었어."
"그래도 좀 재미있었어. 식 변형은 어지러워서 별로 마음에 안 들었지만 의미를 생각하니까 제법 재미있네. 그래, 식도 읽으면 되는 거야."
"맞아."

여러 가지 함수

앞에서는 중학교, 고등학교에서 배우는 1차 함수와 2차 함수의 성질에 대해 조금 깊이 파고들어봤습니다. 포물선의 형태가 한 종류밖에 없다는 사실은 의외로 알려지지 않은 이야기인지도 모릅니다.

그런데 고등학교에서는 이 밖에도 여러 가지 함수를 배웁니다. 그 중 여기서는 지수함수, 로그함수, 삼각함수에 대해 간단히 검토해보겠습니다.

우선 지수법칙에서부터 시작합시다.

'지수'라는 개념은 처음에는 곱셈의 생략이라고 중학교에서 배웁니다. 2를 n번 곱하는 것을,

$$\underbrace{2 \times 2 \times \cdots\cdots \times 2 \times 2}_{n개} = 2^n$$

이라고 간략하게 적습니다. 이때 n을 지수라고 합니다. 이렇게 하면 a^n과 a^m이라는 두 개의 수의 곱셈과 나눗셈을 지수의 덧셈과 뺄셈으로 고칠 수 있습니다. 즉 정수 a에 대하여,

$$a^m \times a^n = a^{m+n}; \quad \frac{a^m}{a^n} = a^{m-n} \ (m>n), \quad (a^m)^n = a^{mn}$$

입니다. 이 식은 '지수법칙'이라고 하는데 만화 『사자에 씨』를 보면 '아예 몰라!' 시리즈의 대표로 나옵니다. 그러나 절대로 겁낼 것 없습니다. a를 m개 곱한 것과 a를 n개 곱한 것을 서로 곱하면 a를 $m+n$개 곱한 것이 된다는, 혹은 a를 m개 곱한 것을 a를 n개 곱한 것으로 나누면 분자·분모가 약분되어 a를 $m-n$개 곱한 것이 된다는, 무척 알기 쉬운 식입니다.

$$2^3 \times 2^4 = (2 \times 2 \times 2) \times (2 \times 2 \times 2 \times 2) = 2^7$$

그런데 이 지수법칙을 확장함으로써 일반적인 지수를 생각할 수 있게 되었습니다. 이것은 수학이 형식을 소중히 여김으로써 발전해왔다는 사실을 잘 보여주는 예입니다.

지수법칙의 일반화란 위 식에서 m, n이 어떤 값을 갖더라도 위 식이 다 참이 된다고 생각하는 것으로(형식의 불변성, 여기서도 불변성입니다!), 나눗셈을 뺄셈으로 고치는 식에 있어서 $m=n$이라고 할 때,

$$a^0 = a^{n-n} = \frac{a^n}{a^n} = 1$$

이 됩니다. 여기서 a^0은 1로 정합니다. 이것이 형식의 불변성입니다. 그리고 이것을 사용하면, 마찬가지로 $\frac{a^m}{a^n} = a^{m-n}$에서 $m=0$이라고 하면,

$$a^{-n} = 1 \div a^n = \frac{1}{a^n}$$

로 정할 수 있습니다. 이렇게 하여 마이너스 지수도 정의할 수 있습니다. 또,

$$a = a^1$$
$$= a^{\frac{n}{n}}$$
$$= (a^{\frac{1}{n}})^n$$

이므로 $a^{\frac{1}{n}}$ 은 n제곱하면 a가 되는 정수라고 생각할 수 있습니다. 따라서,

즉 $a^{\frac{1}{n}}$ 은 a의 n제곱근을 나타내는 것으로 봐도 좋겠지요. 그 결과,

$$a^{\frac{1}{n}} = \sqrt[n]{a}$$

즉 $a^{\frac{m}{n}}$ 은 n제곱 하면 a^m이 되는 정수(a^m의 n제곱근)를 나타내는

$$a^{\frac{m}{n}} = \sqrt[n]{a^m}$$

것이 됩니다.

이로써 0을 포함하는 양, 음의 모든 유리수에 대해, 정수 a의 지수를 정의할 수 있게 되었습니다.

"조, 조, 좀 너무 빨라요, 선생님. 그렇게 조급히 서두르지 않아도, 아직 해가 높이 떠 있잖아요. 에—, 이건 확실히 옛날에 어디선가 본 거 같긴 한데."

네, 수업 시간에 공부했을 거라 여기고 단숨에 설명을 했습니다. 잠깐 쉴까요? 핵심을 요약하면, 거듭제곱의 지수는 곱셈을 간략히 표현한 것으로, 2를 10번 곱하는 걸 2^{10}이라고 씁니다. 이것을 확장하여 음의 지수라든가 분수로 된 지수도 정할 수 있습니다. 2^{-3}은 $\frac{1}{2^3}$이며, $2^{\frac{3}{2}}$은 $\sqrt{2^3}$입니다.

조금 피곤한 것 같으니까 쉬면서, 예를 들어 $2^{\sqrt{2}}$의 크기가 어떻게 될지 한 번 감을 잡아봅시다.

"그건 쉬는 게 아닌데……."

우리는 $\sqrt{2}$가 무리수라는 걸 알고 있습니다. $\sqrt{2}=1.414213562\cdots\cdots$였습니다. $\sqrt{2}$가 이런 수인데 2의 $\sqrt{2}$제곱은 도대체 어떻게 계산을 할 수 있을까요?

$\sqrt{2}$의 근사치로서 예를 들어 1.4142를 취합시다. 그러면

입니다. 우변을 10000제곱하면 2^{14142}가 되므로, $2^{1.4142}$의 크기는 10000제곱하면 2^{14142}가 되는 수입니다. 이 수를 구체적

$$2^{1.4142} = 2^{\frac{14142}{10000}}$$

으로 머릿속에 그려내기는 어려울 것 같지만, 여하튼 10000제
곱하면 2의 14142제곱이 되는 수입니다.

"그건 선생님, 아무런 설명도 되지 않아요."

아, 거 참, 죄송합니다. 정말 똑 같은 말을 다르게 표현한 것뿐
이군요.

그럼 좀 더 구체적으로 접근해봅시다. 2의 14142제곱이라는
수는 너무 큰 수여서 여기에 다 쓰기는 좀 곤란합니다. 그것은
어쨌든 계산을 해보면 1에서 시작해서 4로 끝나는 4258자리
의 수입니다. 처음과 마지막만 써보면,

$$2^{14142} = 14662 \cdots\cdots\cdots 55104$$

입니다.

"선생님, 그런 걸 어떻게 알 수 있죠?"
"그야 뭐, 컴퓨터 군에게 계산을 시켰지요. 하지만 컴퓨터 군에
게 도움을 청하지 않고도 구할 수 있는 방법이 있습니다. 그건
다른 기회에."

어찌됐건 그 수의 10000제곱근이 $2^{1.4142}$라는 수입니다. 그

런데 1<1.4142<2 이므로 이 수가

$$2^1 \ < \ 2^{1.4142} \ < \ 2^2$$

즉 2와 4 사이의 수라는 것은 알 수 있습니다. 조금 더 자세히 하면,

$$2^{1.4} \ < \ 2^{1.4142} \ < \ 2^{1.5}$$

이며, $2^{1.4}$은 2의 14제곱의 10제곱근, $2^{1.5}$은 2의 15제곱의 10 제곱근. 이런 식으로 나가면 $2^{1.4142}$가 어떤 크기일지 조금은 더 실감이 날 겁니다.

 이런 식으로 $\sqrt{2}$의 근사치를 차례차례 더 자세하게 표시해서 계산해나가면, $2^{1.4142}$가 어떤 수에 점차 접근하는 것을 알 수 있게 되는데, 그 값을 $2^{\sqrt{2}}$의 크기라고 생각하면 되겠습니다. $2^{\sqrt{2}}$의 크기는 대략 2.6651 정도입니다.

 이렇게 해서 모든 실수 x에 대해 2^x의 값을 정할 수 있으므로, 함수 $y=2^x$도 결정됩니다. 일반적으로 양의 수 a에 대해 $y=a^x$을 결정할 수 있습니다. 이것이 지수함수입니다. 여기서 a를 '지수함수의 밑'이라고 합니다. 여기서는 대표로 $y=2^x$을 살펴보겠습니다.

 이 함수 $y=2^x$은 간단히 말해 기하급수적인 함수로, 일정시

간마다 y의 값이 2배씩 늘어가는 함수입니다. 여러분은 '다단계 판매법'이라는 사기를 아시죠? 두 사람을 소개하는 일을 계속해나가서 일정 인원수에 도달하면 돈이 들어온다는 사기입니다. 엄마 쥐 한 마리가 두 마리의 새끼 쥐를 만들고 각각의 새끼 쥐가 또 두 마리의 손자 쥐를 만들고, 그렇게 쥐가 늘면, 두 번째에 네 마리, 세 번째에 여덟 마리, 네 번째는 2^4=16으로 열여섯 마리가 되며, 그런 식으로 가다가 서른네 번째까지 자식이나 손자, 증손자를 계속 만들면 2^{34}=17179869184, 즉 171억 7986만 9184마리가 되는데, 이것은 현재 세계 인구의 약 세 배의 크기입니다. 그러므로 다단계 판매법이 순식간에 정체 상태에 빠지는 것은 처음부터 정해져 있던 일입니다. 이 함수의 그래프는 이런 형태입니다.

그럼, 이 함수는 어떤 모양을 만들며 변하는지, 지금까지 다

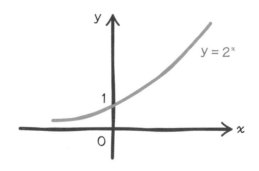

뤘던 방법으로 조사해보겠습니다.

$y=f(x)=2^x$으로 하고, x가 1만큼 변화할 때의 y의 변화량

을 구하면,

$$f(x+1) - f(x) = 2^{x+1} - 2^x$$
$$= 2^x \times 2 - 2^x$$
$$= 2^x(2-1)$$
$$= 2^x$$

이 됩니다. 그렇다면……,

"그렇다면, 변화량을 나타내는 함수는 원래의 함수와 같군요."

그렇습니다. 특이하게 지수함수 $y = 2^x$은 x가 1만큼 변화했을 때 y의 변화량이 언제나 원래의 함수 2^x와 같습니다. 그러므로 x의 변화가 1로 일정할 때 변화량의 변화량, 변화량의 변화량의 변화량, ……으로 계속해도 변화의 모습이 변하지 않습니다(즉 그 값은 언제나 2^x이다.—옮긴이). 이것이 지수함수 $y = 2^x$(지수함수 일반이 아니다.—옮긴이)가 지닌 큰 특징입니다. 2차 함수에서 변화량이 계속 달라도 변화량의 변화량은 일정한 크기의 수였던 걸 상기해주십시오. 하지만 지수함수에서는 변화량의 변화량을 아무리 단계를 높여 조사해봐도 크기가 일정해지는 일이 없습니다. $y = 2^x$은 x가 한 번에 1만큼씩 건너뛰며 변화하는 경우에만 변화율이 원래 함수 2^x과 같게 나옵니다. 하지만 그렇게 건너뛰지 않고 지수함수의 그래프가 매끄럽게 되도록 x가 연속적으로 미세하게 변화할 때 그 미세하게 변하는 x의 모든 값에서의 변화율이 원래 함수와 동일하게 되는 지수함수도 있습니다. 한번 계산해볼까요? 그 지수함수를 $y = f(x) = a^x$으로 하고,

$$f(x+h) - f(x) = a^{x+h} - a^x$$
$$= a^x \times a^h - a^x$$
$$= a^x(a^h - 1)$$

이므로, 변화율 $\dfrac{f(x+h) - f(x)}{h}$가 원래의 함수와 같아지기 위해서는, 즉 $\dfrac{f(x+h) - f(x)}{h} = f(x)$가 되려면, $\dfrac{a^x(a^h - 1)}{h} = a^x$가 되어야 하므로

$$\frac{a^h - 1}{h} = 1$$

이 되어야 합니다. 분모를 없애면 $a^h = 1 + h$ 입니다. 이 식이 엄밀히 성립되는 a는 없지만, h가 무척 작은, 즉 x를 아주 미세하게 변화시키면, 대충 이 식이 성립하는 값이 있습니다. 그때 a의 값을 수학에서는 e라고 씁니다. 조금 더 자세히 말하면 $a^h = 1 + h$ 이므로, 양변의 h제곱근을 구하면, 즉 양변을 $\dfrac{1}{h}$ 제곱하면 e는 대체로

$$e = (1+h)^{\frac{1}{h}}$$

입니다. 여기서 정확히는 $h \to 0$이라는 극한을 취해서, e의 값을 구합니다. 실제는,

$$e = \lim_{h \to 0} (1+h)^{\frac{1}{h}} = 2.71828182845904\cdots$$

이 됩니다. 이 e를 밑으로 하는 지수함수 $y=e^x$은 미분적분학에서 큰 활약을 하는 매우 중요한 함수입니다.

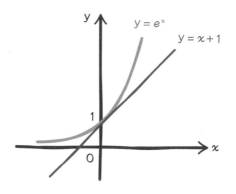

"그렇구나, 지수함수의 밑으로 어째서 e 같은 이상한 수를 취하는지 잘 몰랐었는데, 그래서 그랬구나."

"그래요. 그러니까 무척 좋은 수입니다."

"……."

서툰 익살은 그만 떨고.

"네, 선생님, 다른 건 몰라도 서툰 익살은 그만 하세요."

로그함수는 지수함수의 역함수입니다. 역함수를 어렵게 생각하면 여러 가지로 어렵습니다. 여기서는 가능한 한 간단하게 접근해서, x와 y를 바꿔 넣은 함수가 역함수라고 합시다. 그렇게 생각하면 지수함수의 역함수를 만들 때 지수함수 $y = e^x$의 그래프에서 x와 y를 몽땅 바꿔 넣으면 됩니다. 요컨대 x라고 쓴 부분을 y로, 그리고 y라고 쓴 부분을 x로 고쳐 쓰는 겁니다. 이렇게 하면 함수는 $x = e^y$이 되는데 중요한 것은 좌표축에 달려 있는 기호도 바꿔 넣는다는 겁니다. 이렇게 해서 몽땅 바꿔 넣으면 다음과 같이 됩니다. 이것이 로그함수입니다.

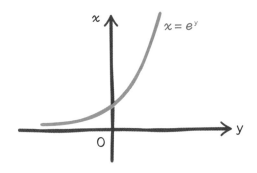

네, 좌표축은 사람이 멋대로 정한 거라서 사실 어떻게 그려도 상관없지만, 역시 중학교 이래로 익숙해진 좌표축 쪽이 알기 쉽지요. 그래서 좌표축을 우리가 늘 보던 위치로 되돌려보겠습니

다. 그러면 로그함수의 그래프는 이렇게 됩니다.

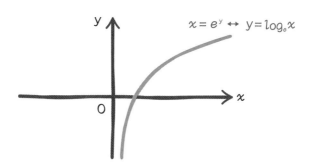

그리고 함수를 $x = e^y$으로 쓴 것도 조금 안정감이 없으므로 이것을 'y='의 형태로, 즉 $x = e^y$을 y에 대해 풀고 싶은 겁니다. 그런데 아쉽게도 이 식을 y에 대해 풀 수가 없습니다. 이럴 때 수학에서는⋯⋯.

> "하하아, 선생님 또 뭔가 꾸미고 있어."
> "풀렸다고 칩시다, 라는 거 아냐?"

하하, 들킨 건가요. 실은 맞아요, 푼 것으로 하고 새 기호로 표시해버리자는 겁니다. 이 함수를,

$$y = \log_e x \text{ (혹은 } y = \ln x)$$

로 쓰고 로그함수라고 하며 e를 대수의 밑이라고 합니다. 그러므로 이 기호는 다음과 같습니다.

$$y = \log_e x \quad \leftrightarrow \quad x = e^y$$

로그함수는 역사적으로 보면 무척 중요한 함수인데 현재는 대수 계산의 중요성이 과거보다 조금 덜해져서 계산보다는 미분적분학에서 더 중요한 역할을 합니다. 그리고 로그함수에서 밑에 오는 e는 생략하고 표시하는 게 보통이므로 $y = \log x$라고 쓰고 이것을 자연로그라고 합니다.

자, 중학생이 배우는 또 하나의 중요한 함수는 '삼각함수'입니다. 삼각함수는 보통 삼각비의 확장으로서 배우게 되는데 여기서는 처음부터 함수로 접근해보겠습니다. 반지름이 1인 원둘레(단위원) 위를 일정한 빠르기로 회전운동하는 점 P를 생각해봅시다.

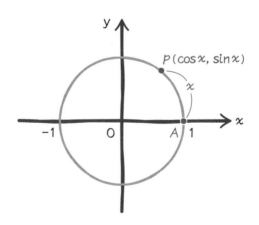

단위원의 방정식을 $x^2 + y^2 = 1$로 하고, P가 점 $A = (1, 0)$에서

출발하여 원둘레 위를 시계 반대방향으로 회전하고 있습니다. 이때 P가 원둘레 위를 x만큼 나아갔을 때(즉 호 PA의 길이가 x일 때) P의 x좌표를 $cos\ x$, y좌표를 $sin\ x$라고 쓰고 각각 코사인, 사인이라고 읽습니다.

"선생님, 사각함수는 없나요?"

하하, 제법 재미있는 질문입니다. 실은 삼각함수는 보통 삼각비의 확장으로 정의됩니다. 삼각비는 직각 이외의 각 하나의 크기가 같은 모든 직각삼각형은 '서로 닮았다'라는 원리 때문에 결정되는 값입니다. 이것을 확장한 함수라고 해서 보통은 삼각함수라고 합니다. 그러나 위와 같이 원둘레 위를 회전 운동하는 점의 좌표로서 결정되는 함수라면, 삼각함수라기보다 '원함수'라고 하는 편이 더 좋을 것 같습니다. 실제로 삼각함수는 원함수라고도 불립니다. 그러니까 사각함수라는 건 없지요.

여기서 주의해둘 게 있습니다. 삼각비를 생각할 때 보통은 각의 크기를 '도'라는 단위로 잽니다. '도'란 원둘레를 360등분한 다음, 그 중 몇 개분에 해당되는가로 각의 크기를 나타내는 방법입니다. 초등학교에서는 각도기라는 자를 사용해서 각을 쟀을 겁니다. 예를 들어, '도'를 단위로 했을 경우 정삼각형은 하나의 각이 60도이고, 직사각형은 하나의 각이 90도라고 말합니다.

그런데 삼각비와는 달리 삼각함수에서는 보통은 '라디안'이라는 단위를 써서 각의 크기를 잽니다. 라디안이란 다음과 같은 방식으로 재는 각의 크기입니다.

  단위원의 원둘레를 따라가며 잰 호의 길이로 점 P의 위치가 결정됩니다. P의 위치가 결정되면 각 ∠POA의 크기가 결정됩니다. 그러므로 호의 길이 x의 크기로 각의 크기를 나타낼 수가 있습니다. 이 길이 x로 나타낸 각의 크기를 x라디안이라고 부릅니다.

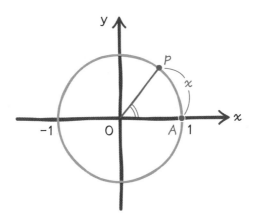

  단위원 원둘레의 길이를 2π라디안이라고 하며 2π라디안은 360도를 가리킵니다. 그 절반의 길이는 π라디안으로 180도를 가리키고, 90도라면 π라디안의 반인 $\frac{\pi}{2}$라디안, 60도라면 π라디안의 $\frac{1}{3}$이므로, $\frac{\pi}{3}$라디안입니다.

  "선생님, 뭐예요? 그 라디안이라는 거. 마법의 램프?"
  "알라딘이 아니야! 라·디·안!"

농담은 그만두고, 여기서는 정확히 이해하고 넘어가야 할 문제가 두 개 있습니다.

① 각의 크기를 도가 아니라 라디안으로, 즉 길이로 재는 이유가 무엇일까?

"왜라니……. 으−응, 별로 생각 안 해봤어요. 그냥 그런 건가 하고."

"뭐, 그럴지도 모르지. 그럼 60도라는 각의 크기를 x축 위에 표시해봐."

"그렇다면, 이렇게요?"

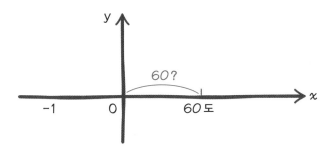

그 60도라는 점은 x축 위의 어디에 있나요? 우리가 x축 위에 점의 위치를 잡는다는 게 뭐였지요?

"자네, 그 점, 왜 거기에 표시했지?"

"왜라니요, 그냥 이렇게 콕 하고."

흠. 그냥 이렇게 콕 하고 그 자리에 찍었다는 얘긴데, 각의 크기가 60도라고 할 때의 60은 거리(길이)를 나타내는 게 아니므로 원점에서부터 60 떨어져 있다, 하고 말할 수는 없습니다. 앞에서 수직선에 대해 얘기할 때 실수를 수직선 상에 표시한다는 건 원점으로부터 얼마나 멀리 떨어져 있는가를 보는 것이라고 설명했습니다. 즉 우리는 원점을 기준으로 좌표를 정할 때에 원점으로부터의 거리를 사용한다는 겁니다. 그러므로 각의 크기를 좌표 평면에 나타내기 위해서는 도라는 단위가 아니라 길이를 기준으로 한 라디안이라는 단위를 사용하는 겁니다. 60도는 $\frac{\pi}{3}$라디안으로 바꿀 수 있고, $\frac{\pi}{3}$은 대충 1.047이므로 원점으로부터 1.047인 곳에 점을 표시하면 이것이 단위원의 원둘레 위에 표시했던 $\frac{\pi}{3}$라디안, 즉 60도의 크기의 각을 나타내는 점이 됩니다.

② 길이를 단위로 하여 각의 크기를 재는 거라면, 예를 들어 단위원의 반원둘레의 길이를 1로 하자고 약속하고 90도면 $\frac{1}{2}$, 45도면 $\frac{1}{4}$ 등으로 표시하면, π같은 건 사용하지 않아도 되지 않을까?

네, 맞습니다. 그러나 그렇게 하면 이번에는 단위원의 반지름이 $\frac{1}{\pi}$이 되어 결국에는 π가 다시 등장합니다. 이 상황은······.

"아, 그렇구나! 알았다. 알았어!"

"안 건 좋지만 벌거벗고 교실에서 뛰어나가지 말도록."

"선생님, 때때로 무슨 소린지 모를 말씀을 하시네요."

어찌됐건 이유를 안 모양입니다. 즉 원의 반지름과 원둘레의 길이는 1장에서 설명했지만, 서로 간에 통약을 할 수 없는 양입니다. 그러므로 양쪽을 동시에 깨끗이 잴 수 있는 단위를 설정하는 것은 불가능합니다. 그래서 보통 반지름을 1로 설정하고 원둘레 쪽에 π를 남겨 그것을 이용해서 길이를 잽니다. 그렇게 잰 길이를 근거로 각의 크기를 결정하면, 이번에는 각 x의 크기가 길이로 표현되므로, 그 위치를 좌표 평면 상의 점으로 표현할 수 있게 됩니다. 즉 60도의 각이라면 원점으로부터 반원둘레의 딱 $\frac{1}{3}$ 길이만큼 떨어진 점, 즉 x축 상의 $\frac{\pi}{3}$라는 좌표의 점으로 표시됩니다.

단위원의 원둘레의 길이는 2π이므로 x가 원둘레를 한 바퀴 돌면 2π만큼 움직인 게 됩니다. 그래서 $\cos x$, $\sin x$의 값은 x가 2π만큼 변화할 때마다 같은 값을 취하는 걸 알 수 있습니다. 그래서 $\cos x$, $\sin x$는 주기 2π의 주기함수라고 합니다. 함수의 값이 주기적으로 변하므로 삼각함수의 그래프는 깨끗한 파도를 그립니다. 잘 생각하면 점 P의 x좌표는 $\cos x$로서 1→0→-1→0→1로 변화하고, y좌표는 $\sin x$로서 0→1→0→-1→0으로 변화하므로 y좌표의 값, 즉 $\sin x$는 x좌표의 값

$cos\ x$를 $\dfrac{\pi}{2}$라디안만큼 뒤쳐져서 쫓아갑니다. 그러므로 이 두 개의 그래프는 형태가 똑같고, 평행이동하면 딱 겹쳐집니다.

그 형태는 대략 다음과 같이 그릴 수 있습니다. 이 커브를 '사인 곡선'이라고 합니다. 어떤 이유인지 모르지만, '코사인 곡선'이라고는 하지 않는 모양입니다. 물론 사인 곡선과 코사인 곡선은 같은 곡선입니다!

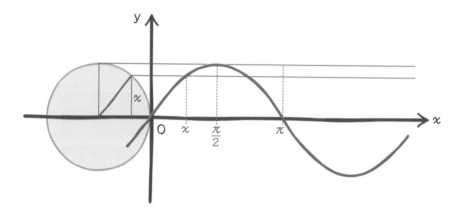

또 원둘레 위의 점의 회전운동을 눈에 보이는 형태로 끄집어내고 싶으면, 투명한 원기둥에 끈을 둘러 감고 정면 옆에서 바라보면 됩니다. 그 모양이 삼각함수의 그래프입니다.

또 그다지 알려져 있지 않지만, 원기둥을 비스듬히 자른 단면은 타원이 되는데, 그렇게 잘라낸 원기둥의 껍질을 잘 벗겨 옆으로 펼치면, 자른 단면이 삼각함수 그래프 모양이 됩니다.

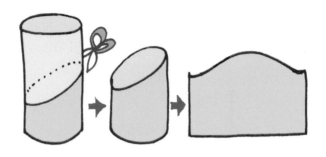

　삼각함수에는, 그 정의만으로 알 수 있는 여러 가지 성질이 있습니다. 그 중 몇 가지를 들어보겠습니다.

① 주기성

　앞에서 설명했듯이 원둘레 위를 따라 이동하는 점은 1회전하면 원래의 장소로 돌아옵니다. 그러므로 정의에서 분명하듯이,

$$cos(x+2\pi)=cos\,x,\ sin(x+2\pi)=sin\,x$$

가 성립합니다.

② 피타고라스의 정리

　그림과 같이 직각삼각형을 생각하면 단위원의 반지름이 1이므로,

$$cos^2 x+sin^2 x=1$$

이 성립합니다. 이것이 삼각함수에서 가장 기본이 되는 식입니다.

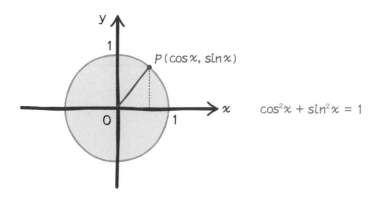

$$\cos^2 x + \sin^2 x = 1$$

③ tan x

위의 그림에서 직선 OP의 기울기를 $tan\,x$로 나타내고 이것도 삼각함수라고 합니다.

$$tan\,x = \frac{\sin x}{\cos x}$$

자, 지금까지 1차 함수, 2차 함수와 같은 다항식으로 나타내 지는 함수 외에 지수함수, 로그함수, 삼각함수라는 세 가지의 함 수를 소개했습니다. 함수는 이밖에도 많이 있습니다.

또 하나, 더 중요한 함수로서 '역삼각함수'라는 것이 있는데 이 것은 대학교 1학년 때에 배웁니다. 역삼각함수는 그 이름대로, 삼각함수의 역함수입니다. 이 밖에도 '분수함수'나 '무리함수' 등이 있으며 이 함수들을 종합하여 '초등함수'라고 합니다.

초등함수 : 다항식함수, 분수함수, 무리함수, 지수함수,
로그함수, 삼각함수, 역삼각함수

물론 초등함수 이외에도 함수는 많이 있습니다.

그런데, 초등함수와 관련해서는 실은 큰 문제가 하나 있습니다. 그것은 다음 절에서 다뤄보겠습니다.

함수의 기능과 블랙박스의 내용

처음에 함수에 대해 이야기할 때 함수를 블랙박스로 볼 수 있다고 얘기했습니다. 블랙박스는 어떤 것을 입력하면 그에 대응하여 출력이 나오는 기계입니다. 그리고 입력된 것이 그 기계 속에서 어떻게 조작되는지는 모르는 기계, 즉 기계의 안쪽 구조를 모르는 기계입니다. 여기서는 그 블랙박스의 수학적인 구조에 대해 생각해봅시다.

우선은 1차 함수, 예를 들어 $y = f(x) = 3x - 1$을 예로 들어봅시다. 이 함수는 블랙박스일까요?

"블랙박스일까요라니……. 글쎄, 이 함수의 구조는 분명한 것 아닌가?"

"맞아. 글쎄, $f(0) = -1$이라든가 $f(\sqrt{2}) = 3\sqrt{2} - 1$이라든가, 하는 식으로 함수의 값을 모두 계산할 수 있으니까."

"선생님, 이건 화이트박스입니다."

화이트박스라는 말이 있는지 잘 모르겠지만 확실히 여러분들이 말하는 대로 이 함수의 구조는 분명하게 볼 수 있습니다. 말로 하자면,

"입력을 3배 해서 1을 뺀다."

라는 구조입니다. 이 함수는 구조를 알고 있다는 의미에서 '화이트박스'라고 말해도 괜찮겠군요. 1차 함수는 그런 의미에서 모두 화이트박스입니다. $y = ax + b$라는 함수의 구조는 한눈에 확실하게 알 수 있습니다. 이것은 다음과 같이 말할 수도 있습니다. "지금 눈앞에 블랙박스가 하나 있다. 그 구조가 어떻게 되어 있는지 알고 싶다. 수치를 넣으면 대응하는 수치를 출력으로 내놓는다." 그 대응이 이런 상태였다고 합시다.

대응하는 x와 y의 값의 비가 일정하지 않으므로 정비례함수는 아닌 모양입니다. 그러면 이번에는 간단한 1차 함수가 될지 어떨지 조사해봅시다. 이 단계에서는 x가 1만큼의 변화할 때, 즉 x의 변화량이 1일 때 y의 변화량은 늘 일정하게 2가 되는군요. 이것은 1차 함수의 특징이므로 이 함수는 1차 함수 $y = f(x) = ax + b$라고 가정해볼 수 있습니다. 그러면 $f(1) = 5$, $f(2) = 7$에서 연립방정식

$$\begin{cases} a + b = 5 \\ 2a + b = 7 \end{cases}$$

을 얻을 수 있으며, 이것을 풀면 $a=2$, $b=3$이 되어 블랙박스의 구조가 $y=2x+3$이라는 걸 알 수 있습니다. 나아가 이 구조에서 나오는 함수의 값이 실제의 함수의 값과 일치하고 있는지 어떤지를 확인해보면 답은 완벽하지요.

수학적인 엄밀성을 기준으로 말하자면, 이것만으로는 함수의 구조가 어떻게 되어 있는지 알 수 없습니다. 위에 표시된 x값과 x값 사이의 부분, 즉 x값이 정수가 아닐 때 y의 값이 어떻게 되어 있는지가 확실하지 않고, '……'라고 표시한 부분도 문제로 남습니다. 예를 들어 위의 표는 5까지만 나와 있는데, 그런 점에서 사실 이 블랙박스는,

$$y=f(x)=2x+3+(x-1)(x-2)(x-3)(x-4)(x-5)$$

와 같은 이상한 함수일지도 모릅니다. 이 5차 함수는 $x=1$, 2, 3, 4, 5일 때 함수의 값은 $y=2x+3$과 일치하지만, 그 외의 x값에서는 완전히 다른 이상한 값을 갖겠지요. 그러나 이렇게 억지스럽게 만든 함수는 일단 고려하지 않기로 합시다. 그러면 1차 함수에 대해서는 이 정도로도 그 구조를 충분히 이해한 것이라고 할 수 있겠습니다. 마찬가지로 2차 함수 $y=f(x)=ax^2+bx+c$에 대해서도, 그 구조가 충분히 파악돼 있다고 생각할 수 있습니다. 즉 입력 x에 대하여 출력 y가 어떻게 되는지 알 수 있다는 겁니다.

"그야 그렇겠죠. 불쾌감을 주는 그런 별난 함수를 생각하는 센야마 선생님 정도야."

"누가 불쾌감을 준다고?"

"아, 아뇨, 이쪽 얘기예요."

여기서 잠깐 샛길. 1차 함수 $y=ax+b$의 기능은 일상 언어로,

$$x를\ a배\ 하고\ 거기에\ b를\ 더한다$$

라고 표현할 수 있습니다. 마찬가지 방식으로 2차 함수가 하는 작용을 일상 언어로 표현해보세요.

"일상 언어로 표현하세요라니, 수식이 아니라 말로 하라는 건가?"

"에이엑스제곱 더하기 비엑스 더하기 씨."

"그건 일상 언어로 표현한 게 아니라 수식을 음독한 것뿐입니다."

수식이란 수학 언어로 쓰인 문장입니다. 영어 문장을 소리 나는 대로 읽을 수는 있다 해도 그 의미를 모르면 내용을 알 수 없는 것과 마찬가지로, 수식을 소리 나는 대로 읽는 것만으로는 그 의미를 안다고 할 수 없습니다. 함수가 하는 일을 일상 언어로 표현하라는 것은, 그런 뜻입니다. 2차 함수의 경우는,

x를 2제곱하여 a배 하고,

거기에 x의 b배를 더한 후 다시 c를 더한다

가 됩니다.

"선생님, 그건 ax^2 어쩌고저쩌고 하고 별로 다르지 않네요."

"……."

그렇게 고집만 부리지 말고, 그냥 좀 따라와봐요. 여기에는 x를 가공하는 방법이 두 종류 나와 있습니다. x를 2제곱하여 a배 하는 가공과, x를 b배 하는 가공입니다. 그 다음에 여기에 c

도 추가하여 전부 더하는 겁니다. 그런데 2차 함수의 절에서 설명한 완전제곱식이라는 기술을 사용하면 이 2차 함수는,

$$y = a\left(x + \frac{b}{2a}\right)^2 + \frac{4ac - b^2}{4a}$$

라는 모양으로 쓸 수가 있습니다. 이렇게 하면 x가 한 곳에만 나오므로 x의 가공 공정을 더 잘 알 수 있습니다. 즉······.

> "선생님, 잠깐만요. 그러니까 x에 $\frac{b}{2a}$를 더하고, 그것을 2제곱하여 a배한 것에 $\frac{4ac - b^2}{4a}$를 더한다, 는 거지요?"

그렇습니다. 1차 함수와 2차 함수에서는 이처럼 언제든지 x의 가공 과정을 알 수 있다는 사실을 잘 기억해두기 바랍니다.

자, 다시 함수로 돌아옵시다. 일반 다항식 함수에서도 2차 함수에서처럼 구조를 해명할 수 있으면 좋겠는데, 아쉽게도 일반 다항식 함수에서는 할 수가 없습니다. 그래도 다항식 함수,

$$f(x) = a_n x^n + a_{n-1} x^{n-1} + \cdots\cdots + a_1 x + a_0$$

에 대하여 x에 수치를 대입하면 y의 값을 계산할 수는 있습니다. 구체적으로 계산할 수 있다는 것이 중요합니다. 그 점을 다시 한 번 확인하고, 다음으로 앞에서 설명한 지수함수, 삼각함수는

어떨지 생각해봅시다.

"왜, 생각하라고 했더니 배에 쥐가 나니?"

두 가지 함수를 비교해봅시다.
$y=2x^2+3x-1$과 $y=sin\ x$가 있다고 합
시다. $x=0.7$일 때 y의 값은 얼마가 될까요?

"2차 함수는 간단하네. $2\times(0.7)^2+3\times0.7-1$이니까 계산하면
$y=2.08$이야. 삼각함수는, $sin\ 0.7$의 값? 선생님, 이거 어떻게
계산하는 거죠?"
"어라, 전에는 계산할 수 없는 식 같은 게 어디 있냐, 하고 퉁퉁
거리지 않았니."
"……."

조금 어려운 질문이라서 학생도 난처한 모양입니다. 그런데 정
말로 $sin\ 0.7$의 값은 어떻게 계산할까요? sin이란 원둘레 위를
회전 운동하는 점 P의 y좌표였습니다. 그러므로 조금 큰 듯하게
원을 그리고 반지름의 길이가 1인 원의 둘레 위에 0.7의 길이를
정확하게 표시한 다음 그 점의 y좌표를 그림에서 읽어낸다라는
건 농담이고, 그렇게 해보자고 해도 좀처럼 할 수가 없습니다.
원둘레 위에 0.7의 길이를 정확하게 표시한다는 것이 생각처럼

안 되기 때문입니다(그런데, 원둘레 위에 무리수인 $\frac{\pi}{4}$의 길이를 정확하게 표시하는 쪽은 전혀 어렵지 않다는 게 좀 재미있습니다).

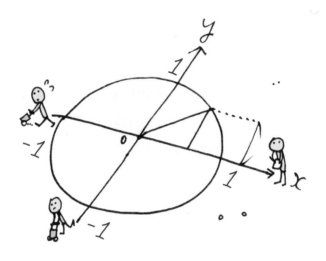

$y=sin\ x$라는 것은 마치 함수를 표시한 '식'처럼 보입니다. 확실히 이건 수학에서 말하는 '식'이긴 하지만, 다항식 함수의 식, 예를 들어 $y=x^3-3x+1$ 등과는 근본적으로 다릅니다. $y=sin\ x$는 '단위원의 원둘레 위를 회전 운동하는 점의 y좌표'라는 개념을 표시하는 식, 즉 이름으로서의 식이며, 계산할 수 있는 식은 아니기 때문입니다. 즉 삼각함수라는 개념을 '수식'처럼 보이는 $y=sin\ x$, $y=cos\ x$라는 형태로 표시한 것뿐입니다.

수학에서는 이와 같이 기호로 표시한 것을 모두 식이라고 부릅니다. 수학은 식을 이용하여 여러 가지 것들을 연구하는 학문이죠. 식의 변형은 넓은 의미에서 모두 계산이라고 해도 됩니다.

하지만 그때 계산이라는 것이 갖는 의미는 초등학교, 중학교에서 배우는 계산보다 훨씬 넓고 깊은 의미를 지니고 있습니다.

개념을 식으로 나타내고 그 식을 조작함으로써 개념 그 자체를 조작할 수 있게 되면, 거기서부터 새로운 개념을 이끌어내거나 그 개념 속에 포함되어 있는 의미를 더 분명하게 표시할 수 있습니다. 이것은 수학에서 가장 기본이 되는 사고방식입니다. 그런 의미에서 수학이란 '일종의 언어'라고 할 수 있습니다.

이 세계에는 수학이라는 언어로 표현하면 아주 산뜻하게 그 구조를 알 수 있는 현상, 사상(事象)이 많이 있습니다. 대부분의 자연현상이 그 예이고, 사회현상인 경제 등도 수학 언어로 기술할 때 의미가 더 확실히 드러나는 경우가 많습니다. 우리는 마치 영어를 배울 때와 같이 수학 언어의 어휘와 문법을 배우고 익힘으로써 다양한 현상을 읽어낼 수 있습니다. 그 옛날, 갈릴레이는 "자연은 수학이라는 언어로 써 있다"라고 말했는데, 그건 바로 이런 뜻으로 한 말일 겁니다.

자, 이상의 이야기를 염두에 두고 다시 함수의 값을 구하는 문제로 돌아갑시다.

우리는 다항식 함수 $y = f(x)$에 대해서는, $x = a$일 때의 y의 값 $f(a)$를 어렵지 않게 계산할 수 있습니다. 물론 10차 함수라든가 20차 함수로 나가면 답을 쉽게 구할 수 없겠지요. 그때에는 컴퓨터를 사용해야 할 수도 있을 겁니다. '어렵지 않게'라는 것은 계산하는 것이 원리적으로 가능하다는 의미입니다. 함수는 변화의 모습을 조사하기 위한 수학적 수단이므로 계산을 할 수 있다는 건 무척 중요한 일입니다.

그런데 학생이 난처해했듯이 우리는 삼각함수의 값은 이런 의미에서는 계산을 할 수가 없습니다. 무척 특수한 값, 예를 들면 $\frac{\pi}{3}$(=60도)라든가 $\frac{\pi}{4}$(=45도) 등에 대해서는 삼각비의 지식을 써서 직각삼각형의 변과 길이의 관계로부터 삼각함수의 값을 구할 수 있습니다. 이런 몇몇 각을 '유서 있는 각'이라고 표현한 수학자도 있습니다. 하지만 여기서 문제가 되는 건 이와 같은 특수한 각이 아니라 일반적인 각 a에 대해서 $sin\ a$, $cos\ a$의 값을 어떻게 계산할 수 있는가, 하는 겁니다.

"선생님, 계산할 수 있었어요. $sin\ 0.7$=0.64421769입니다."
"오오, 멋있어. 그 값, 어떻게 계산했나요?"
"함수 전자계산기한테 물어봐서 알았어요."
"……."

흐음, 함수 전자계산기는 물론 삼각함수의 값을 순식간에 가르쳐줍니다. 하지만 이거야말로 정말 블랙박스입니다. 전자계산기는 어떻게 삼각함수의 값을 계산한 걸까요.

"그건, 선생님…… 전자계산기 안에 똑똑한 난쟁이들이 많이 있어서 열심히 계산을 해주는 거예요."

"그 난쟁이들은 어떻게 *sin x*의 값을 계산해내지요?"

"……"

결국 함수 전자계산기 안에 똑똑한 난쟁이들이 있다 하더라도
그 난쟁이들이 어떻게 계산하는지를 모른다면 블랙박스 안에 또
블랙박스가 있는 것뿐입니다.

점점 함수를 계산할 수 있다는 것의 의미가 무엇인지 보이기
시작했습니다. 우리가 계산할 수 있는 함수는 다항식 함수밖에
없습니다. 분수함수도 조금 애를 쓰면 *y*의 값을 계산할 수 있습
니다. 분수함수는 소위 다항식 함수의 친척 같은 겁니다. 다항식
함수는 블랙박스가 아니라 함수의 구조가 파악된 화이트박스로
되어 있어서, 입력 *x*를 구체적인 계산 순서에 따라서 가공할 수

있습니다.

이것은 함수 전자계산기라도 마찬가지입니다. 전자계산기는 원리적으로는 더하기·빼기·곱하기·나누기라는 사칙연산을 할 수 있습니다. 그러므로 함수 전자계산기에 다항식 함수를 넣으면 그 함수값을 계산할 수 있습니다.

그럼 삼각함수의 값은 도대체 어떤 식으로 계산해내야 할까요? 우리가 계산할 수 있는 함수는 다항식밖에 없었다는 점을 기억해주세요. 다항식이라면 계산할 수 있습니다. 그렇다면, 삼각함수를 어떻게든 다항식의 형태로 나타낼 수는 없을까요? 이 아이디어는 어떤 의미에서 무척 엉뚱한 발상입니다. 삼각함수의 값을 도형적으로 생각하면 자를 가지고 측정하는 것 외에는 별다른 방법이 없을 것 같습니다. 이것을 계산으로 알아내려면, 계산할 수 있는 함수가 다항식밖에 없으니 어떻게든 다항식으로 만들어보자는 겁니다.

그런 바람 끝에 수학은 드디어 삼각함수를 다항식으로 나타내는 데에 성공했습니다. 이것을 '삼각함수의 테일러 전개'라고 합니다. 단, 삼각함수는 진정한 다항식으로 되지는 않고, 무한차원의 다항식(수학에서는 이것을 '무한급수'라고 합니다)이 됩니다. 삼각함수의 테일러 전개는 대학 첫해에 배우는 가장 중요한 수학 가운데 하나이고, '미분적분학'을 사용하여 증명합니다.

여기서는 일단 증명을 뺀 결과만을 말하겠습니다. 정확한 증명은 다음 미분적분학 강의에서 설명하겠습니다. 그때까지 조금 기다리세요.

"갑작스레 실례이지만, 언제까지고 기다리겠습니다."

누굽니까, 예스러운 대사를 읊는 건. 뭐, 어쨌든 삼각함수 $y=sin x$를 테일러 전개하면 이런 형태가 됩니다.

$$sin x = x - \frac{1}{3!}x^3 + \frac{1}{5!}x^5 - \frac{1}{7!}x^7 + \frac{1}{9!}x^9 \cdots$$

이 식을 써서 $sin 0.7$의 값을 계산해보면 최초의 두 개의 항에서 근사계산을 하여 $sin 0.7 = 0.6428$로 됩니다. 물론 좀 더 차수가 높은 항까지 계속해서 계산을 해나가면 더욱 자세한 근사치를 구할 수 있습니다. 우변은 무한히 계속되는 다항식이므로 계산을 종료할 수 없지만 전자계산기라면 충분히 차수가 큰 항까지 계산할 수 있으며 그 정도로 해도 실제 사용하는 데는 아무런 지장이 없습니다.

마찬가지로 $cos x$, e^x 등도 테일러 전개할 수 있습니다. 이것도 결과만 써둡시다.

$$cos x = 1 - \frac{1}{2!}x^2 + \frac{1}{4!}x^4 - \frac{1}{6!}x^6 + \frac{1}{8!}x^8 \cdots$$

$$e^x = 1 + x + \frac{1}{2!}x^2 + \frac{1}{3!}x^3 + \frac{1}{4!}x^4 + \frac{1}{5!}x^5 \cdots$$

이 식들은 말하자면 모두 의사(擬似) 다항식이고 항이 무한하게 계속되므로 그런 의미에서는 사실 계산을 완성할 수 없습니다. 그러나 $sin\ x$의 값을 그림을 그려서 짐작하는 것밖에 할 수 없었던 걸 생각하면, 이처럼 x의 값을 대입하여 계산할 수 있는 식을 갖게 되었다는 것이 얼마나 중요한지 알 수 있습니다.

결국 우리가 실제적으로 계산할 수 있는 함수는 다항식 함수와 그 나눗셈인 분수함수밖에 없다고 생각하는 게 좋습니다. 무리함수와 지수함수, 로그함수, 삼각함수는 그 자체로는 함수의 값을 계산할 수 없습니다. 물론 함수는 두 변량 사이의 관계를 나타내는 개념이므로 계산할 수 있는지 아닌지 여부가 함수의 모든 것은 아닙니다. 앞에 설명했듯이 개념을 식으로 나타내는 것만으로도 많은 것을 알 수 있습니다. 그러나 어떨 때에는 함수의 값을 계산하지 않으면 안 되는 경우가 있겠지요. 그때에는 이 테일러 전개가 큰 도움이 됩니다.

4142135623730950480

587 2 4 2096980785696 718753769480 7 317 66797 37 9907

0388503875343276417

3장

미분 : 함수를 해부한다

"윽, 소금물 문제 너무 싫어!"
"섞으면 뭐가 어떻게 된다는 둥
이러쿵저러쿵, 골치만 아팠어."
"으으, 나왔다."

미분이라는 사고방식

지금까지의 강의에서는 함수에 대한 일반적인 얘기를 다뤘습니다. 그리고 마지막에 그 자체로는 계산할 수 없는 함수값을 계산할 수 있게 해주는 '테일러 전개' 방법을 소개했습니다. 함수의 테일러 전개는 '미분학'이라는 수학을 사용합니다.

미분학으로 들어가기 위해 먼저 함수를 미분한다는 것이 뭔지 생각해보고 넘어갑시다.

"미분, 그거 간단하지. $(x^2)' = 2x$로 끝!"

"하지만 그게 도대체 뭘 구한 거야?"

"뭐라니, 2x잖아."

"그러니까 2x가 뭐냐구?"

"x^2의 미분."

"미분이라니?"

"너 참 끈질기구나, 그게 뭔지 알아서 뭐하려구?"

이런 대화가……, 들려오지 않으면 좋겠는데, 아무래도 교실 한 구석에서는 이런 얘기가 오고가는 것 같습니다. $(x^2)' = 2x$는 분명 정확한 계산입니다만 그 전에 먼저 미분이란 게 도대체

176

무엇을 구하는 계산인지 분명히 알아둘 필요가 있습니다.

우리는 서로 관계를 맺으며 변화하는 두 양의 움직임을 파악하기 위해서 함수라는 도구를 생각해냈습니다. 즉 x에 y를 대응시키는 함수 $y = f(x)$를 정의하고 거기에서 x가 변화하면 y는 어떻게 변화하는지 살펴봤습니다.

이때 하나하나의 함수를 놓고 그 변화를 다 조사하면 좋겠지만, 함수는 여러 가지가 있기 때문에, 모든 함수를 다 일일이 조사할 수는 없습니다. 그래서 가능한 한 여러 가지 함수에 두루 적용할 수 있는 일반적인 분석 방법을 개발할 필요가 있습니다.

여기에서도 수학이라는 학문이 지닌 성격이 드러납니다. 어떤 유명한 수학자가 조금 '이상'한 표현이기는 하지만 다음과 같이 말했습니다.

"추상적으로 알기 쉽게."

추상적인 이론은 그 배경을 충분히 이해하지 않으면 분명 어려운 느낌을 줍니다. 그러나 여러 가지 현상에 공통되는 성질을 끄집어내고, 다른 다양한 부수적인 요소들을 벗겨내면 그때서야 현상의 가장 본질적인 부분이 드러날 때가 종종 있습니다. 즉 추상화시켰더니 본질이 드러났다, 하는 겁니다. 수학은 바로 그런 일을 합니다. 그러니 수학을 어렵다고만 생각하지는 마세요.

그럼 실제로 함수를 분석할 수 있는 일반적인 방법을 생각해봅시다. 실마리는 이전에 검토해봤던 1차 함수의 변화 형태에서 찾을 수 있습니다. 1차 함수의 성질을 한 번 더 짚어봅시다. 1차 함수를 검토하면서 마지막에 정리했던 내용이 중요합니다.

> 1차 함수에서는 y의 변화량이 x의 변화량에 정비례한다.

바로 이겁니다.

우리가 함수라는 개념을 생각한 것은 변화하는 서로 다른 양들 사이의 관계를 알고 싶어서였습니다. 조금 범위를 좁혀 말하면 x가 변화할 때 y는 얼마만큼 변화하느냐 하는 것을 알고 싶었다는 겁니다. 여러분은 2차 함수 $y=x^2$에서 $x=3$일 때에는 y의 값이 9가 되는 것을 쉽게 알 수 있습니다. 그러면 x가 조금 변화하여 $x=3.15$로 됐을 때 y의 값은 9에서 얼마만큼 늘어나나요?

"간단, 간단, 초간단. 3.15^2을 계산하여 9를 빼면 되지요?"

"$3.15^2 = $ ……, 와아, 이거 계산하는 거 짜증나."

"그러지 말고 해보자고. 이건 말이야, 전자계산기에게 맡기는 게 좋아. $3.15 = 9.9225$이니까, y의 변화량은 0.92250야. 흠, x는 겨우 0.15밖에 늘지 않았는데 y는 1 가까이 늘어나는구나."

네, 맞습니다. 그럼 삼각함수 $y = sin\ x$에서 $x = \dfrac{\pi}{4} = 0.7853\cdots$일 때, $y = \dfrac{1}{\sqrt{2}} = 0.7071\cdots$인데, x가 조금 변화하여 $x = \dfrac{\pi}{4} + 0.01 = 0.7953\cdots$으로 되었을 때, y의 값이 $0.7071\cdots$에서 얼마만큼 늘어날지 알 수 있을까요?

> "간단, 간단, 초간단. $sin\ 0.7953$을 계산하여……."
> "으응, 이건 앞에서 결과만 배운 테일러 전개로 계산해야 하나?"
> "……."

좀 막혔군요. 이럴 때 만약 변화의 모습을 알고 싶은 함수가 a를 비례상수로 한 정비례 함수라면 x가 0.01만큼 늘어나면 y는 0.01a만큼 변화한다는 것을 바로 알 수 있습니다. 물론 보통의 함수는 정비례 함수가 아닙니다. 2차 함수도, 지수·삼각함수도 정비례 함수가 아닙니다.

그러나 만약 x의 변화량이 아주 작으면 원래의 함수를 그 범위 내에서만큼은 정비례 함수로 간주할 수 있지 않을까, 하고 생각해볼 수 있습니다. 이건 '간주한다'는 거지, 정말로 정비례 함수 그 자체가 된다는 이야기는 아닙니다. 어쨌든 x의 변화량이 아주 작을 때 y의 변화는 그것에 정비례한다고 간주할 수 있다면 그 비례상수를 구함으로써 함수의 변화 상태를 조사할 수 있겠지요. 이것이 바로 미분법입니다.

> 함수를 정비례 함수로 근사하여 그 변화의 모습을 알아본다.

이것이 미분법의 정신입니다. 이때 생기는 약간의 차이(오차)를 신경 쓰지 않는다는 것도 미분법의 정신입니다.

"약간의 차이는 신경 쓰지 말라니, 참으로 센야마 선생님답군."

"요전에 말이야. 시험 채점이 잘못되어 5점이나 적게 나와 항의하러 갔더니 그런 소소한 일은 신경 쓰지 말라고 했대."

"5점 차이는 적은 게 아니잖아."

"거기 그쪽, 잡담은 그만두도록. 잡담은 작은 일이 아니에요!"

"정말 적당주의야!"

네. 적당주의라는 느낌도 들겠지만, 실은 미분법의 사고방식을 배울 때에는 조금 적당주의인 편이 오히려 좋습니다.

"……?"

그럼 실제로 적당주의 미분법을 설명해보겠습니다.

극한 없는 미분법

우선 '극한'이라는 개념은 조금 미뤄놓고, 미분법이 어떤 종류의 수학인가를 생각해봅시다. 1차 함수, 2차 함수, 지수함수 등에서 봤듯이 함수의 성질 중 중요한 한 가지는 x의 변화에 대한 y의 변화율이었습니다. 그 중에서도 여기서는 함수 전체에서의 변화율이 아니라 $x=a$ 근처에서의 함수의 행동방식만 관찰해봅시다. 우선 $x=a$로부터 x를 h만큼 변화시켰을 때의 y의 변화량,

$$f(a+h) - f(a)$$

를 봅시다. 물론 이 양을 쉽게 계산할 수 있는 함수도 있고, 계산하려면 어려운 함수도 있겠지요. 지금은 그것은 생각하지 말고 x의 변화량과 y의 변화량의 비,

$$\frac{f(a+h) - f(a)}{h}$$

만 생각해봅시다. 1차 함수에서도 봤던 '평균 변화율'입니다. 이것은 달리 표현하면 x가 1만큼 변화하면 y가 어느 만큼 변화하느냐 하는 비율입니다. 이 평균 변화율을 $x=a$의 부근에서 생

각해보자는 겁니다. 정비례 함수나 1차 함수의 경우는 모든 x에 대해 이 평균 변화율이 일정한 수 k로 되어 있었습니다. 즉 a가 어떤 값을 취하든 평균 변화율은 변함없이 일정한 값 k가 되었다는 이야기입니다.

즉,

$$\frac{f(a+h)-f(a)}{h} = k$$

이며, 분모를 없애면,

$$f(a+h)-f(a) = kh$$

혹은

$$f(a+h) = f(a) + kh$$

로 됩니다. 이 식의 의미는 확실합니다. 첫 번째 식이라면 비례상수 k를 써서 x의 변화량으로부터 y의 변화량을 계산할 수 있다는 것이며, 두 번째 식이라면 $f(a)$의 값, 즉 출발점 $x=a$에서의 함수값을 알면 비례상수 k를 써서 x가 h만큼 변화한 지점에서의 함수값 $f(a+h)$를 계산할 수 있다는 뜻입니다. 물론 이 경우 x와 y의 변화량의 비가 일정하다는 것이 전제되며 그런 전제가 없으면 위의 식은 성립하지 않습니다.

그럼 이와 같은 전제는 어느 경우에나 성립되는 전제일까요?

균질과 불균질

커피에 설탕을 넣습니다.

> "선생님, 나는 블랙을 좋아하는데요. 커피에 설탕을 넣다니, 촌
> 스러워."
> "자네 이름은? 아아, 설탕 군이군."

설탕 군의 의견은 무시하기로 하고
커피에 설탕을 넣습니다. 잘 저어 섞으
면 무척 맛있는 커피가 완성됩니다. 하
지만 대충만 저으면 위쪽은 블랙에 가
까운 커피이고 컵 바닥에는 설탕이 듬뿍 들어간 커피가 남습니
다. 이런 경험은 자주 해봤겠지요? 커피와 설탕이라고 하니까 그
달콤한 맛에 여러분들의 긴장감이 풀어질 것 같으니, 수학 문제
에 자주 나오는 소금물 문제로 바꿔서 생각해보겠습니다.

> "윽, 소금물 문제 너무 싫어!"
> "섞으면 뭐가 어떻게 된다는 둥 이러쿵저러쿵, 골치만 아팠어."

자, 그러지들 말고, 좀 진지하게 들어보세요.

95그램의 물에 5그램의 소금을 녹여서 100그램의 소금물을 만들었습니다. 농도는 몇 퍼센트일까요?

"으으, 나왔다!"

$$소금물의\ 농도\ =\ \frac{소금의\ 양}{소금물의\ 양}$$

이므로 이 소금물의 농도는 5퍼센트입니다.

"어디 어디, 얼마나 짠지 맛 좀 볼게요."

"선생님, 전혀 안 짠데요."

아, 섞는 걸 잊었어요.

".......'

일반적으로 소금물의 농도와 같이 두 양의 비로 결정되는 양을 '내포량(內包量)'이라고 합니다. 내포량도 수치로 표시되는 양임에는 틀림없지만, 이 경우는 많고 적음이나 크기가 아니라 물질의 상태를 나타내는 양이라고 생각하면 되겠지요. 즉 5퍼센트 소금물이라고 했을 때는 소금물의 양이나 소금의 양을 직접 나타내는 것이 아니라 소금물이 얼마나 짠지 그 상태를 나타내는 겁니다. 평균 변화율도 x의 변화량 h와 y의 변화량 $f(a+h)-f(a)$의 비이므로 일종의 내포량입니다. 이 내포량은 함수가 변화하는 상태를 나타낸다고 생각할 수 있습니다.

자, 물에 소금을 잘 섞지 않아 소금이 아래에 그대로 가라앉아 있어도 이 소금물 100그램 속에 소금이 5그램 들어 있는 건 틀림없습니다. 하지만 이때 소금물의 농도를 5퍼센트라고 말하는 건 뭔가 이상합니다. 뭐가 이상할까요?

우리는 소금물이라고 하면 보통 잘 섞어서 소금물 전체가 균질해져 있다는 것을 전제로 합니다. 소금물의 어디를 떠서 재봐도 일정한 농도가 나온다는 겁니다. 소금물은 균질입니다. 그러나 섞지 않은 소금물은 균질하지 않습니다. 이럴 때 전체의 농도가 5퍼센트라고 말할 수 없겠지요. 그럼 이 섞이지 않은 불균질 소금물의 상태를 제대로 기술하려면 어떻게 해야 할까요?

불균질소금물

불균질소금물에서는 전체의 농도가 5퍼센트라고 할 수 없습니다. 그렇다면 부분 부분으로 나눠서 이쪽 부근의 농도는 몇 퍼센트, 저쪽 부근에서는 몇 퍼센트라고 기술하면 어떨까요? 이것이 아이디어입니다. 예를 들어 용기를 반으로 나눠, 위는 위대로 아래는 아래대로 따로 섞었다고 생각해보는 겁니다. 그렇게 해서 "윗부분에서는 농도 몇 퍼센트, 아랫부분에서는 농도 몇 퍼센트"라고 표현합니다. 이렇게 하면 전체가 5퍼센트라고 표현할 때보다는 불균질소금물의 상태를 조금 더 정확하게 표현할 수 있습니다. 그러나 2분할로는 정확하게 표현이 안 된다고 생각할 수 있습니다. 그렇다면 3분할, 4분할하여 각각의 부분에서의 농도를 기술하면 됩니다. 어떤가요. 이렇게 하여 우리는 미분법의 핵심 지점에 다가왔습니다.

"핵심지점에 다가왔다니요, 별로 그런 느낌이 들지 않는데요. 농도가 어째서 미분인가요?"

"미분이란, $(x^2)'=2x$를 말하는 게 아니었나?"

흐음, 당연한 의문입니다. 그럼 수식을 써서 조금 더 자세히 설명해보겠습니다.

지금 이 비커에 들어 있는 소금물의 양을 아래에서부터 잽니다. 이때 밑바닥을 기점으로 하여 위 방향으로 x그램까지의 소금물 안에 들어 있는 소금의 양을 $f(x)$그램이라고 합시다. 그러면 예를 들어 $x=a$, 즉 아래에서부터 a그램까지의 소금물 안에 들어 있는 소금의 양은 $f(a)$그램입니다. $f(x)$가 어떠한 함수가 되는지는 실험해보지 않으면 정확히 알 수 없지만 소금을 제대로 섞지 않았으므로 위로 올라갈수록 녹아 있는 소금의 양이 점점 줄어드는 모양의 함수가 되어 있겠지요.

이제 소금물이 a그램이 되는 부분에서 시작하여 그 위로 무게가 h그램이 되게끔 지극히 얇은 샬레를 잘라봅니다. 샬레의 두께가 어느 정도가 되는지는 모르지만 h 가 무척 작은 숫자라면, 즉 그램수 가 지극히 작다면 샬레의 두께도 지극히 얇겠지요.

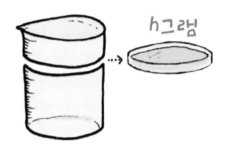

그리고 샬레의 두께가 무척 얇으면 비록 이 소금물이 전체로 는 잘 섞이지 않은 소금물이라 하더라도 그 샬레의 범위 안에서 는 농도가 거의 일정하다고 생각해도 좋겠지요. 즉 샬레의 두께 가 매우 작으므로 상하 간의 농도 차이는 거의 없다고 생각해도 좋습니다. 그럼 이 샬레 안의 소금물 농도는 어느 정도나 될까 요?

"샬레 안의 소금물 농도? 어떻게 계산하지?"
"으―응, 소금물의 농도는,

$$\text{소금물의 농도} = \frac{\text{소금의 양}}{\text{소금물의 양}}$$

이니까……."

"샬레 아래의 소금물의 무게는 a그램, 샬레의 소금물은 h그램,
그러니까 그 속의 소금의 양은 모두 $f(a+h)$그램?"

"그건 $a+h$까지의 전체 소금의 양이니까 샬레 안의 소금 양만
을 구하려면 아래의 부분의 소금 양을 빼서,

$$f(a+h)-f(a)$$

가 될 거야."

그렇습니다. 그것이 샬레 안의 소금의 양입니다. 샬레의 소금
물 전체의 양은 h그램이므로 그 농도는 대충

$$\frac{f(a+h)-f(a)}{h}$$

가 됩니다. 위 식은 샬레 안의 소금물의 양 h가 적으면 적을수록
(이것을 조금 더 시각적으로 말하면 샬레의 두께가 얇으면 얇을수록), 이 샬
레 안의 소금물의 농도를 그만큼 더 정확히 나타내게 됩니다.

"어라? 이 식은 어딘가에서 본 적이 있어."

"에—, 전에 나온 평균 변화율의 식?"

그렇습니다. 본 적이 있지요. 이것은 함수 부분에서 나온 변화율의 식입니다. 만약에 이 소금이 균질하게 섞여 있다면 소금의 양 $f(x)$은 소금물의 양 x에 비례하여 일정 비율로 늘어나므로

$$f(x) = kx$$

로 되며, 이 샬레 안의 농도를 계산하면,

$$
\begin{aligned}
\frac{f(a+h) - f(a)}{h} &= \frac{k(a+h) - ka}{h} \\
&= \frac{ka + kh - ka}{h} \\
&= \frac{kh}{h} \\
&= k
\end{aligned}
$$

로, 어디에서나 k로 일정합니다. 즉 k가 소금물의 농도이고 이 샬레의 어디를 취해도 소금물의 농도가 일정, 균질하다는 뜻입니다. 비례상수가 소금물의 농도라는 사실을 조금쯤 눈여겨봅시다.

섞지 않은 소금물의 경우는 소금의 양 $f(x)$가 소금물의 양 x에 비례하지 않습니다. 따라서 소금물의 상태에 따라 소금의 양을 나타내는 $f(x)$는 다 다르게 됩니다만, 매우 얇은 샬레 안에서는 소금이 거의 균질하게 섞여 있다고 간주할 수 있으므로 그

범위 안에서는 균질한 농도라는 내포량을 생각할 수 있는 겁니다. 얇은 샬레의 안에 소금이 균질하게 섞였다고 간주하자는 것이 미분이라는 사고방식의 가장 원시적인 표현입니다.

> "불균질한 상태라도 지극히 작은 부분만 떼어내면 균질하다고 생각할 수 있다."

이것을 미분의 고향이라고 기억하고, 때때로 방문해봅시다.

> "선생님, 고향은 멀리 두고 생각하는 곳이지, 방문해보는 곳은 아닌데요."
> "그게 뭔 소리야. 고향은 자주 찾아가야 돼."
> "……."

미분의 고향

소금물의 농도라는, 초등학교 이후 늘 들어오던 내포량을 사용하여 미분의 고향을 방문해봤습니다. 다른 내포량을 놓고도 마찬가지 생각을 할 수 있습니다. 예를 들어 전형적인 내포량인 '속도'에 대해 한번 생각해봅시다.

조에츠(上越) 신칸센이 도쿄 역을 출발하여 니가타로 향했습니다. 최고속도는 시속 240킬로미터입니다. 시속 240킬로미터란 한 시간에 240킬로미터만큼 나아가는 빠르기입니다.

여기서 짧은 얘기 하나.

경찰관이 속도위반을 한 운전자에게 정차하도록 지시했습니다.

"당신 말이야, 여기는 시속 40킬로미터 제한이야. 시속 60킬로미터나 달리고."

"저, 시속 60킬로미터라면 말이지요."

"뭘 딴청을 부려! 1시간에 60킬로미터 움직이는 속도지."

"제가 달리기 시작한 지 아직 10분도 지나지 않았어요. 도저히 60킬로미터를 달릴 수는 없었는데요……."

"선생님, 별로 재미있지 않다고 할까요, 재미없어요!"

물론 이건 엉뚱한 문답입니다. 시속 60킬로미터란 이 속도로 한 시간 나아가면 60킬로미터 달린다는 것이지 실제로 달린 시간과는 상관없습니다. 그것은 이 이야기로도 알 수 있을 겁니다. 하지만 겨우 10분밖에 지나지 않았는데 어떻게 시속을 알 수 있을까요?

신칸센이 출발점에서부터 이동한 거리(지금의 경우는 도쿄 역에서부터 잰 거리)의 크기는 주행시간 x의 함수가 됩니다. 이 함수를 $y = f(x)$로 합시다. 도쿄–다카사키 사이가 대충 100킬로미터이고 거기를 가는 데에는 대략 한 시간 정도가 걸리므로 $f(1) = 100$ 정도라고 할 수 있습니다. 구체적인 수치는 아무래도 좋습니다.

지금 어떤 시각 a로부터 h시간이 경과하여 현재시각이 $a+h$로 되고 이 h시간 사이에 신칸센은 $f(a+h) - f(a)$만큼 달렸다고 합시다. 속도란 단위시간에 대해 이동거리의 변화량이므로 이 동안의 평균 시속은,

$$\frac{f(a+h)-f(a)}{h}$$

입니다. 이 h시간 동안에도 신칸센의 속도는 반드시 일정하지는 않았겠지요. 속도는 아마 올라갔다 떨어졌다 했을 겁니다. 하지만 시간 h가 무척 짧으면 예를 들어 1분 정도라면 그 사이의 속도는 일정했다고 생각해도 괜찮겠습니다. 이것이 미분의 고향이었습니다.

따라서 h를 아주 작게 하면 위 식에서 시각 a에서 신칸센의 속도가 얼마인지 계산할 수 있습니다. 이것은 불균질소금물의 농도 문제에서 두께가 무척 얇은 샬레라면 상하의 농도 차이가 거의 없다고, 즉 샬레 안은 잘 섞여 있다고 생각해도 좋다고 했던 것과 마찬가지입니다. 시간 h 내의 신칸센의 속도는 '잘 섞여 있어서' 어느 지점에서나 일정하다고 생각하는 겁니다.

'가속도'에 대해서도 마찬가지 말을 할 수 있습니다. 가속도라고 하면 속도가 빨라지는 것이라는 이미지가 떠오르는데, 정확하게 말하면 가속도란 단위시간 동안의 속도의 변화량을 의미합니다. 앞에 2차 함수에 대해 살펴보았을 때 변화량의 변화량이 일정해진다는 것을 실험으로 확인했습니다. 간단하게 직선운동을 하고 있는 물체의 시각 x에서의 속도가 함수 $y=g(x)$로 나타난다고 합시다. 시각 a로부터 h시간 지났을 때 속도는 $g(a+h)$로 됩니다. 이때 시간에 대한 속도의 변화 비율은,

$$\frac{g(a+h)-g(a)}{h}$$

이 되므로, 형식만 보면 이것은 속도를 표시하는 식과 아무 차이가 없습니다.

조금 다른 내포량을 생각해봅시다. 초등학생 때 인구밀도라는 양을 배웠습니다.

일본에서 가장 인구밀도가 높은 시는 도쿄의 특별구를 빼면 사이타마현 와라비시라고 하는데 13000명/km^2 정도입니다. 제가 사는 군마현 마에바시시는 인구밀도가 1300명/km^2 정도로 와라비시의 10분의 1입니다. 인구밀도는,

$$인구밀도 = \frac{인구총수}{면적}$$

로 계산됩니다. 면적이 좁으면 인구가 같아도 인구밀도는 커집니다. 그 도시의 모든 사람이 다 동일한 간격으로 흩어져 살고 있는 것은 아닙니다. 사람이 많이 모여 사는 주택지도 있고 사람이 거의 살지 않는 논밭도 있겠지요. 즉 사람이 사는 양태는 불균질입니다. 인구밀도는 그것을 균질하게 살고 있다고 간주하고 평균화해버리는 겁니다.

이것은 농도와 속도를 계산할 때 농도와 속도가 균질하다고, 즉 잘 섞여 있다고 간주하고 계산하는 것과 마찬가지입니다. 단, 인구밀도와 같은 경우는 분모, 즉 넓이를 작게 할 수 없습니다. 그러므로 넓은 면적인 1제곱킬로미터당 인구를 구하는 것인데, 불균질소금물이나 신칸센의 속도 같은 경우에는 분모, 즉 소금물의 총량과 시간은 얼마든지 작게 할 수 있습니다. 이것이 미분이라는 생각의 고향이었습니다.

함수의 변화율

고향은 그냥 멀리 두고 생각으로만 찾는 곳이란 의견이 있었으므로 미분의 고향을 찾아가 산책하는 일은 이 정도로 끝내고, 함수를 미분한다는 것의 의미가 무엇인지 살펴보도록 합시다. 우선 일반적인 함수에서의 변화율을 생각해봅시다.

함수 $y=f(x)$에 대해, $x=a$에서 x가 h만큼 변화한다고 합시다. 즉 x는 $a+h$로 변합니다. $h>0$이라면 증가이고 $h<0$이라면 감소인데 어느 쪽이든 'x의 변화량'이라고 부릅니다. 이 변화에 따라서 함수 y의 값도 변하는데 x의 변화에 동반하는 y의 변화량은,

$$f(a+h)-f(a)$$

가 됩니다. 그러므로 x가 a에서 h만큼 변화할 때의 변화율은,

$$\frac{f(a+h)-f(a)}{h}$$

입니다. 이 값은 결국 x가 a로부터 $a+h$까지 변화할 때 함수 y가 변화한 양을 평균한 것이므로 이것을 '평균 변화율'이라고 불렀습

니다. 이것은 x가 1만큼 변화할 때의 y의 변화량과 같습니다.

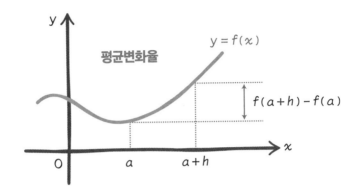

이 값이 k라고 하면,

$$\frac{f(a+h)-f(a)}{h} = k$$

로 됩니다. 이 식의 분모를 없애보면,

$$f(a+h)-f(a)=kh$$

인데 이 식이 말해주는 것은 뭘까요?

"이 식 어디선가 본 적이 있는 것 같은……."

"으-음, 1차 함수 부분에서 같은 식이 나왔을 거야."

"즉, y의 변화량이 k를 비례상수로 해서, x의 변화량 h에 정비

"례한다는 거지. 즉, k가 변화율이야."

"하지만 그건 원래의 함수가 1차 함수였을 때의 얘기잖아?"

"하지만 그렇게 돼. 그렇게 돼버려."

"조금 이상해. 글쎄 원래 함수가 1차 함수인지 어떤지는 아무도 모르잖아!"

꽤 괜찮은 논쟁이 벌어진 것 같습니다. 말한 대로 이 식은 y의 변화량이 x의 변화량에 정비례한다는 것을 표현한 것은 분명한데, 단 원래의 함수가 1차 함수인지 어떤지는 모릅니다.

이때 x의 변화량 h가 변화할 때 평균 변화율의 값 k는 실은 일정한 크기가 되지 않습니다. 조금 정확히 말하면 h가 변함에 따라 k의 크기도 변합니다. 여기서 앞에서 했던 농도와 속도의 얘기를 기억해주세요. 확실히 k는 일정한 수가 아닙니다. 그러나 h를 무척 작게 취하면, 농도의 예로 말하자면 소금물의 양을 줄여서 샬레의 두께를 지극히 얇게 하면, 혹은 속도의 예를 들어 속도를 재는 시간을 충분히 짧게 하면, 이 h의 동안에는 그 내용이 균질하게 되어 농도도 일정하고 속도도 일정하다고 생각해도 괜찮겠지요.

즉 h가 무척 작은 값일 때에는 k가 일정하다고 생각해도 좋다는 겁니다. 그러므로 위의 식은 h가 충분히 작으면 원래의 함수가 1차 함수가 아니더라도 평균 변화율은 일정한 수가 된다는 겁니다. 즉 원래의 함수를 a와 아주 가까운 부분으로 범위를 한정하면, 그 부분 안에서는 1차 함수처럼 간주하고 다룰 수 있게 된다는 것을 나타냅니다.

그러나 수학은 엄밀한 논의를 중시하며, 엄밀함을 모토로 하는 학문입니다. 처음 미분이라는 아이디어를 생각해낸 수학자들은 아마도 지금과 같은 방식으로 얘기를 진행시켰을 테지만, 19세기가 되어서는 그런 논의 속에서 보였던 애매모호한 부분을 '극한'이라는 개념을 이용하여 정밀하게 다듬었습니다. 그렇게 해서 현재의 미분학이 성립했습니다.

앞의 설명에서 애매모호한 것은 'h가 충분히 작으면 평균 변화율을 상수로 생각해도 좋다'라는 부분입니다. 수학에서는 이것을,

$$\lim_{h \to 0} \frac{f(a+h) - f(a)}{h} = k$$

라고 씁니다.

"h를 계속해서 작게 해가면 좌변의 비의 값, 즉 평균 변화율은 k에 점점 가까워진다."
"h를 계속해서 작게 해가면 평균 변화율과 k의 차이는 검출할 수 없게 된다."

그렇습니다.

"선생님, 그거 조금도 엄밀해졌다고 할 수 없는 거 아니에요?"

"그래요. 글쎄 h가 작을 때는 평균 변화율이 일정해서 상수 k 라고 생각해도 좋다는 것과 어디가 다른 거죠?"

하하, 아픈 데를 찔렸습니다. 확실히 위의 수식은 앞에서 말했던 것을 그대로 수식으로 쓴 것뿐이고, 별로 엄밀하게는 보이지 않습니다.

실은 수학에서는 자꾸만 작게 해간다, 자꾸만 다가간다, 하는 것을 정확히 정의했습니다. 그 정의를 보통은 '$\varepsilon - \delta$(웹실론-델타) 논법'이라고 합니다. 차이를 아는 사람을 위해서…….

"선생님, 그거 낡은 개그예요?"

자자, 어쨌든 써보겠습니다.

임의의 양수 ε에 대해서 다음과 같은 성질을 갖는 양수 δ가 존재할 때, $\dfrac{f(a+h)-f(a)}{h}$ 는 k에 수렴한다고 하고,

$$\lim_{h \to 0} \frac{f(a+h)-f(a)}{h} = k$$

라고 씁니다. 그 성질이란, 성질 : $|h| < \delta$라면 언제든지,

$$\left| \frac{f(a+h)-f(a)}{h} - k \right| < \varepsilon$$

이 됩니다.

"우와—, 선생님의 나쁜 버릇!"

"그래요, 자기도 잘 모를 때는 수학용어를 잔뜩 써서 학생을 안

개 속으로 몰아넣는다니까요."

아뇨, 아뇨, 그게 아니에요. 응?
어딘가에서 들은 말 같은데. 그건
어쨌든지 간에, 위의 수식화는 실
은 아직 어정쩡한 겁니다. 실제로
는 일상 언어 부분을 모두 수학 기
호로 바꿔서 다음과 같이 씁니다.

$$\lim_{h \to 0} \frac{f(a+h)-f(a)}{h} = k$$

란

$$\forall \varepsilon > 0 \left(\exists \delta > 0 \left(\text{s.t. } |h| < \delta \Rightarrow \left| \frac{f(a+h)-f(a)}{h} - k \right| < \varepsilon \right) \right)$$

일 때를 말합니다.

"……"

일부 사람들이 수학이라면 고개부터 흔드는 건 이런 부분 때문일지도 모릅니다. 그러나 수학은 괜히 어렵게 보이기 위해서 수학 기호를 쓰는 게 아닙니다. 수학이 기호를 쓰는 것은 그쪽이 훨씬 알기 쉽기 때문입니다.

"알기 쉽다니요, 선생님."
"전혀 알기 쉽지 않은데요!"

처음에는 다들 그렇습니다. 하지만 잠깐 생각해보세요. 여러분이 영어를 처음 배웠을 때 영문으로 쓰인 문장은 전혀 읽지 못하지 않았나요. 아니, 영어만이 아니라 우리말도 그랬을 겁니다. 하지만 영어 단어를 익히고 문법을 알게 되면서 알파벳 문자로 쓰인 문장을 읽을 수 있게 되었습니다. 그러면서 세계는 확 넓어졌을 겁니다. 영어 과학 해설서도 읽을 수 있게 되고 번역되지 않은 소설도 읽을 수 있게 되었으니까요. 그것은 무척 즐겁고 멋진 경험이 아니었나요?

수학도 마찬가지입니다. 수학의 단어는 확실히 영어만큼 대중적이지는 않을지 모릅니다. 그러나 영문을 읽는 것과 마찬가지로 수식이 섞인 문장을 읽을 수 있고, 그 의미를 파악할 수 있게 되면 세계는 훨씬 더 넓어집니다.

하나 더, 수학의 논법에는 예외가 없습니다. 그러므로 불규칙 동사를 외우는 것 같은 귀찮은 일은 없습니다. 단, 식 변형을 세부까지 꼼꼼히 설명해주지 않는 면이 있으므로 스스로 해보는 노력이 필요합니다.

자, 위에서 쓴 수식이 섞인 글은 실제로는 앞서 일상 언어로 이야기한 것과 같은 내용을 의미합니다. 한 번 더 그 내용을 써 보면,

h가 지극히 작으면 k와 $\dfrac{f(a+h)-f(a)}{h}$ 의 차이는 검출되지 않는다.

라는 것이었습니다.

ε과 δ는 어디로 가버린 걸까요.

"Where have all the εs gone?이지요."

"그거 오래된 노랜데(반전가수 조안 바에즈가 'Where have all the flowers gone'이란 노래를 불렀다.-옮긴이)."

이 두 개의 수에는 다음과 같은 의미가 있습니다.

최초의 ε은 k와 $\dfrac{f(a+h)-f(a)}{h}$ 의 차이를 나타내는 수입니다. 지금의 경우는 오차라고 해도 상관없습니다. 즉 최초의 수

식은

"차이(오차)를 ε보다 작게 할 수 있습니까?"

라고 하는 물음입니다. 이 물음에 대한 해답이 다음의 문장으로,

"네, 할 수 있습니다.
$|h|$를 δ보다 작게 취하면 차이는 ε보다 작아집니다."

라는 것입니다.

이와 같이 수 ε과 δ를 사용함으로써 '굉장히 작으면'이라든가 '검출할 수 없다'라는, 어떻게 보면 아주 감각적인 일상 언어를 수학 언어로 번역하는 것이 가능합니다. 혹은 이 생각은 일종의 배리법이라고 해도 좋겠지요. 오차가 있다고 한다면 그것은 ε보다 크게 되는데, $|h| < \delta$라고 하면 오차를 그것보다 작게 할 수 있어서 모순됩니다. 그러므로 오차는 검출할 수 없고, 검출할 수 없는 오차는 없는 것으로 간주합니다.

"뭔가 평상시의 선생님보다 성실해."
"응, 이렇게 되면 적어도 알았다는 척을 해줄 의무가 있지 않을까?"

거기서 뭐라고 소곤소곤 대는 사람, 잡담하지 마세요.

수학 용어는 영문과 마찬가지로 반복해서 읽으면 이해할 수 있게 됩니다. 여기서는 앞의 일상 언어를 써서 논의를 진행시켜 갑시다.

$$\lim_{h \to 0} \frac{f(a+h)-f(a)}{h} = k$$

로 될 때, 함수 $y=f(x)$는 $x=a$에서 미분 가능하다고 하며, k를 $f'(a)$라고 써서 $x=a$에서의 $y=f(x)$의 미분계수라고 합니다. 이것이 고등학교에서 배운 미분의 정의입니다.

이것을 일상 언어로 번역하면,

$$h\text{가 작을 때, } \frac{f(a+h)-f(a)}{h} \text{는 대충 } f'(a)\text{와 같다.}$$

는 것입니다. 너무 대충인 것 같지만, 그 배후에서 수학의 엄밀성이 의미를 지탱해주므로 안심해도 됩니다.

그런데, '대충 같다'는 것이므로 조금은 차이가 있겠지요. 그 차이를 지금 ε으로 나타내기로 하면,

$$h\text{가 작을 때, } \frac{f(a+h)-f(a)}{h} = f'(a) + \varepsilon$$

으로 됩니다. 이번에는 대충 같다가 아니라 진정한 등식입니다.

단, 오차 ε은 h가 굉장히 작을 때는 무시할 수 있는 차이입니다. 극한(limit)을 나타내는 lim라는 기호가 없는 것에 주의해주세요. lim가 붙어 있는 식은 정확한 의미에서는 분수식이 아닙니다. 그러나 이 식은 정확한 의미에서의 분수식입니다. 그러므로 분모를 없앨 수 있습니다. 분모를 없애면,

$$h가 \ 작을 \ 때, \quad f(a+h) - f(a) = f'(a)h + \varepsilon h$$

입니다. 그러면 한 번 더 일상 언어로 번역해볼까요?

> "에―, 함수 $x=a$ 에서 x가 h만큼 변할 때 $f(x)$의 변화량은 x의 변화량 h의 $f'(a)$배와 오차."
>
> "으―음, 비슷하다고 해야 하나……"
>
> "맞지 않나요?"
>
> "아니, 아니, 맞기는 했는데."

내용은 확실히 그대로이지만, 이렇게 말할 수도 있습니다.

---

y의 변화량은 x의 변화량에 정비례하는 부분과 오차의 부분의 합으로 쓸 수 있으며, 정비례 부분의 비례상수가 미분계수이다.

이렇게 해서 정비례라는 말을 써보면, 함수가 미분될 수 있다

는 것의 내용이 분명해집니다. 즉 함수가 미분될 수 있다는 건 어떤 구간에 한정해서 보면 그 함수를 정비례 함수로 생각할 수 있다는 말입니다. 거기서 그 정비례 함수를 미분이라는 새로운 이름의 좌표축과 변수 dx, dy를 써서,

$$dy = f'(a)dx$$

라고 씁니다. $y = f(x)$이므로, 이 식을

$$df = f'(a)dx$$

라고도 씁니다. 이 식은 x가 $x = a$로부터 dx만큼 변화했을 때 함수 $y = f(x)$의 변화량 dy 혹은 df는 $f'(a)dx$가 된다는 것을 의미합니다. 단, 실제 변화량은 $f(a+dx) - f(a)$이며, dx가 너무 커지면 $f'(a)dx$가 실제 변화량으로부터 벗어나버리지만 dx가 무척 작을 때에는 그 차이는 검출되지 않는다는 겁니다.

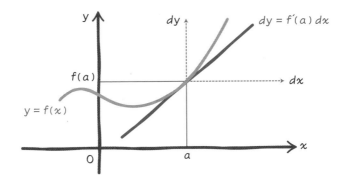

아아, 아주 좋은 질문입니다. 3년 만에 들어보는 좋은 질문이에요. 실제는 $dy = f'(a)dx$는 접선의 식에 다름 아니지만, 좌표축이 원래의 $x-y$축이 아니라 원점을 $(a, f(a))$에 취한 새로운 좌표축 $dx-dy$축에서 그려진 접선의 식이라고 할 수 있습니다. 그러므로 원래의 좌표축에 대해 고쳐 쓰면, 원점을 $(a, f(a))$로부터 $(0, 0)$으로 평행 이동하여,

$$y - f(a) = f'(a)(x-a)$$

로 되어 잘 알고 있는(그렇죠?) 접선의 방정식이 되는 겁니다.

새로운 변수를 쓰는 이유는 원래의 변수 x, y와 구별하기 위해서입니다. 이 정비례 함수를 분석하면 함수 $y = f(x)$가 $x = a$ 가까이에서 취하는 행동방식을 알 수 있다. 이것이 미분을 사용한 함수 분석의 원리입니다.

새로운 기호 dx, dy를 사용해서 이 정비례 함수를

$$dy = f'(x)dx$$

라고 쓰면 변수를 착각하는 일은 없습니다. $f'(x)$는 $x = a$에 $f'(a)$를 대응시키는 새로운 함수로, 원래의 함수의 '도함수'라고

합니다.

또 $f(x)$의 도함수 $f'(x)$를 구하는 것을 함수를 미분한다고 하며, '미분 계산'이라고 합니다. 결국 원래의 함수의 미분은 도함수를 구하는 것으로 계산할 수 있습니다. 혹시 몰라서 '도함수의 계산'의 정의를 써두겠습니다.

$$f'(x) = \lim_{h \to 0} \frac{f(x+h) - f(x)}{h}$$

이것은 미분계수를 정의할 때 나왔던 a를 기계적으로 x로 바꾸어 계산한 것에 다름 아닙니다.

한 가지 여기서 주의할 게 있습니다. 함수 $f(x)$에 대해 그 도함수 $f'(x)$는 존재하지만, $f(x)$ 전체의 미분이라는 것은 존재하지 않습니다. 미분이란 것은 언제나 특정한 x값, 예를 들어 $x = a$에서 존재하는 미분, $dy = f'(a)dx$뿐입니다. 미분이 어디까지나 국소적인 것이라는 사실이 중요한 포인트입니다. 하지만 용어로서 간단히 하기 위해 $dy = f'(x)dx$를 함수 $f(x)$의 미분이라고 하는 경우는 있습니다.

"그럼, 시험에 나오나?"

"저 선생님, 굉장히 점수가 짜다니까."

"소금 농도 15퍼센트."

도함수의 계산

$(a+b) \times c = ?$

간단한 함수의 도함수를 계산하는 것(미분하는 것)은 어렵지 않습니다. 도함수의 계산에서 공부해야 할 것은 크게 두 가지입니다. 하나는 함수의 사칙연산에 대응한 도함수의 계산 법칙을 이해하는 것이고, 또 하나는 몇 가지 서로 다른 함수의 도함수를 구체적으로 구해내는 것입니다.

함수의 사칙연산과 도함수의 계산

함수의 사칙연산과 도함수의 계산에서 가장 중요한 것은 다음과 같습니다. 첫째, 함수의 합에 대한 도함수는 함수 각각의 도함수의 합과 같습니다. 둘째, 어떤 함수를 일정한 수로 곱하면 그 도함수는 원래의 도함수에 같은 수를 곱한 것과 같습니다. 이런 성질을 '선형성'이라고 합니다.

두 개의 함수 $f(x)$, $g(x)$의 합의 함수를 $F(x) = f(x) + g(x)$라고 하면, $F(x)$의 미분은 어떻게 될까요. 함수 $f(x)$가 미분할 수 있는 함수일 때에는 x가 임의의 값 a를 취할 때 거기서부터의 함수 $f(x)$의 변화량이 x의 변화량에 정비례한다고 간주할 수 있다는 사실을 상기하고, $F(x)$의 변화 모습을 알아보세요. 직관적인 방식을 사용해도 상관없습니다.

"그 얘긴, 조금 거칠어도 좋다는 거네."

"그럼, 그렇게 말씀해주셨으니 사양 않고 거칠게."

지금, $x=a$에서 시작되는 x의 변화량을 dx라고 하면, $F(x)$의 변화량은,

$$F(a+dx)-F(a)=(f(a+dx)+g(a+dx))-(f(a)+g(a))$$
$$=(f(a+dx)-f(a))+(g(a+dx)-g(a))$$

그런데, $x=a$에서 함수 $f(x)$, $g(x)$의 변화량은 x의 변화량 dx에 정비례하는 함수라고 할 수 있고, 그 비례상수가 각각 $f'(a)$, $g'(a)$였으므로,

$$f(a+dx)-f(a)=f'(a)dx, \quad g(a+dx)-g(a)=g'(a)dx$$

입니다. 이것을 원래의 식에 대입하면,

$$F(a+dx)-F(a)=(f(a+dx)+g(a+dx))-(f(a)+g(a))$$
$$=(f(a+dx)-f(a))+(g(a+dx)-g(a))$$
$$=f'(a)dx+g'(a)dx$$
$$=(f'(a)+g'(a))dx$$

그런데, 함수 $F(x)$에 대해서도 $x=a$에서의 변화량은 dx에

정비례하는 함수 $F'(a)dx$로 간주할 수 있습니다. 즉,

$$F(a+dx) - F(a) = F'(a)dx = (f'(a) + g'(a))dx$$

그러므로,

$$F'(a) = f'(a) + g'(a)$$

가 성립됩니다. 도함수로 말하자면,

$$F'(x) = f'(x) + g'(x)$$

로 됩니다.

"선생님, 이 정도면 될까요?"

상당히 거친 논의이지만 극한을 사용하지 않고서도 미분이 지닌 성질 중 하나를 설명할 수 있었습니다. 여기서는 사실 어떤 함수가 미분 가능한지 어떤지 하는 문제는 논외로 한 채, 미분 가능한 함수만 가지고 이야기하고 있으므로 엄밀한 논의라고 할 수는 없습니다. 그러나 우리 현실에 가까이 있는 함수는 기본적으로는 미분 가능한 함수입니다. 그것은 이 세계가 그러한 구조,

즉 극단적인 변화를 하지 않고 연속적으로 변화하는 성질을 지니고 있기 때문일 것입니다.

중요한 것은 합의 함수 $F(x)$의 변화량은 두 함수 $f(x)$, $g(x)$의 각각의 변화량의 합이 된다는 것입니다. 하나하나의 요소의 변화량을 더하면 전체의 변화량이 된다는 것은 조금 생각해보면 당연한 것 같지만, 그렇게 되는 것은 각각의 함수 $f(x)$, $g(x)$가 서로 간섭하지 않기 때문이라는 점을 알아야 합니다.

마찬가지로 어떤 함수를 상수배한 것의 도함수는 그 함수의 도함수의 상수배가 된다는 사실을 알 수 있습니다. 이런 성질을 미분 계산의 선형성이라고 합니다. 정리해두겠습니다.

미분 계산의 선형성

(1) $(f(x) + g(x))' = f'(x) + g'(x)$

(2) $(cf(x))' = cf'(x)$ (c는 상수)

그런데 함수와 함수의 곱, 즉 $F(x) = f(x)g(x)$의 경우에는 두 함수의 값이 서로에게 영향을 미치므로 아쉽게도 $F'(x) = f'(x)$ $g'(x)$가 되지 않습니다. 곱의 경우는 다음 공식이 나옵니다.

곱함수의 도함수

$F(x) = f(x)g(x)$일 때,

$F'(x) = f'(x)g(x) + f(x)g'(x)$이다.

이것도 극한을 사용하여 계산하면 엄밀한 증명을 할 수 있지만 여기서는 그림을 써서 직관적으로 설명하겠습니다.

$F(x) = f(x)g(x)$를 양변이 각각 $f(x)$, $g(x)$인 직사각형의 면적이라고 생각합시다. $x = a$에서 x가 dx만큼 변화하면 변이 각각 $df(=f'(a)dx)$, $dg(=g'(a)dx)$만큼 변화하므로, 면적은,

$$(f(a) + df)(g(a) + dg) - f(a)g(a)$$

만큼 변화합니다. 전개해서 정리하면,

$$dfg(a) + f(a)dg + dfdg$$

로 됩니다. 마지막 항은 앞의 두 항에 비하면 무척 작으므로 무시해버리고 나면 면적의 변화량은 $dfg(a) + f(a)dg$로 됩니다.

여기서 $df = f'(a)dx$, $dg = g'(a)dx$이므로 이것을 대입하면 면적의 변화량 $dF(=F'(a)dx)$는,

$$dF = F'(a)dx = f'(a)dxg(a) + f(a)g'(a)dx$$
$$= (f'(a)g(a) + f(a)g'(a))dx$$

이므로,

$$F'(a) = f'(a)g(a) + f(a)g'(a)$$

로 되고, 도함수의 공식으로 쓰면,

$$F'(x) = f'(x)g(x) + f(x)g'(x)$$

가 됩니다.

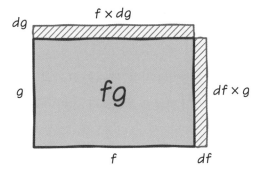

마찬가지로 몫의 함수에 대해서도 도함수의 공식이 성립됩니다. 이것은 결과만을 소개하겠습니다.

| 몫의 함수의 도함수 |

$$F(x) = \frac{f(x)}{g(x)}\text{일 때,}$$

$$F'(x) = \frac{f'(x)g(x) - f(x)g'(x)}{g^2(x)}\text{로 된다.}$$

그런데 함수의 곱이라고 했을 경우, $f(x)g(x)$는 말하자면 '함

수값의 곱'이고, '함수가 하는 기능의 곱'은 아닙니다. 함수의 본
질적인 곱은 값의 곱이 아니라 '함수가 하는 기능의 곱'이라고 할
수도 있습니다. 함수의 기능의 곱을 수학에서는 '함수의 합성'이
라고 합니다. 합성이란 함수 $g(x)$를 작동시킨 데 뒤이어서 그 결
과에 대해 다시 함수 $f(x)$를 작용시키는 겁니다. 이것을,

$$F(x) = f(g(x))$$

라고 써서 함수의 합성이라 하며, $F(x)$를 $f(x)$와 $g(x)$의 합성함
수라고 합니다. 각각의 작용을 분해해서 쓰면,

$$y = f(t) \text{에서}, \ t = g(x)$$

라고 쓸 수 있으며, 즉 y는 t의 함수가 되고, 그 t가 다시 x의 함수
로 되어 있는 겁니다. 이때의 변화량의 관계는 어떻게 될까요?

　　x가 dx만큼 변하면, t의 변화량 dt는,

$$dt = g'(x)dx$$

가 됩니다. 그리고 t가 dt만큼 변하면, y의 변화량 dy는,

$$dy = f'(t)dt$$

가 됩니다. 그러므로 처음의 식을 두 번째의 식에 대입하면,

$$dy = f'(t)g'(x)dx$$

가 되며, 이것은 즉 x가 dx만큼 변화할 때의 y의 변화량입니다. $t = g(x)$였으므로 종합하여 합성의 미분공식을 얻을 수 있습니다.

합성함수의 도함수

$F(x) = f(g(x))$일 때,

$F'(x) = f'(g(x))g'(x)$로 된다.

이것은 다음과 같이 해석될 수 있습니다. 두 개의 정비례 함수 $y = at$, $t = bx$가 있을 때,

$$y = abx$$

입니다.

우리는 어떤 함수가 미분 가능할 때에, "그 함수는 아주 작은 변화에 대해서는 언제라도 정비례로 간주할 수 있다"고 했습니다. 따라서 위의 계산에서 $dy = f'(t)dt$와 $dt = g'(x)dx$는 둘 다 정비례 함수이므로 이를 각각 $y = at$, $t = bx$라는 형식으로 쓰면 $y = abx$가 됩니다. 즉 y는 x에 정비례하고 그 비례상수는

*ab*가 됩니다. 그리고 두 개의 정비례 함수를 이어서 실행한 함수(정비례 함수의 합성)는 그 역시 정비례 함수가 된다는 사실을 확인할 수 있습니다. 이것은 '함수의 기능으로서의 곱'에 대해서는 미분도 또한 자연스럽게 곱이 된다는 것을 보여주는 겁니다.

몇 가지 함수의 도함수

지금까지 함수의 사칙(과 합성)에 대해서 미분 계산이 어떻게 행동하는지 살펴보았습니다. 도함수의 계산은 함수의 합과 상수곱한 함수에 대해서는 깨끗한 계산 규칙이 성립됩니다. 곱이나 몫에서는 그다지 깨끗한 공식은 성립되지 않지만 함수의 곱을 함수의 합성이라고 생각하면 합성에 대해서는 깨끗한 공식이 성립됩니다.

그렇다면 이제는 몇 가지 종류의 간단한 함수에 대해 그 도함수가 어떻게 되는지를 조사해서 미분 계산을 쉽게 할 수 있도록 해봅시다. 이전에 생각한 1차 함수나 2차 함수 등의 다항식 함수에서 도함수의 공식은 무척 단순해서 단 하나의 공식이면 충분합니다.

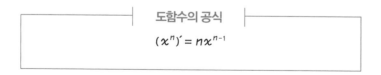

도함수의 공식

$$(x^n)' = nx^{n-1}$$

"앗, 이거, 이거, 이거라니까. 봐, $(x^2)' = 2x$잖아."

"왜 그렇게 되는데?"

"공식으로 외웠어."

    물론 공식으로 외우는 건 무척 중요하지만 더욱 중요한 것은 왜 그렇게 되는지를 생각하는 것, 즉 구조를 이해하는 것입니다. 구조를 이해하는 게 왜 중요한지는 수학자인 아라이 노리코 씨가 『내 생애 가장 행복한 수학』, 『살아남기 위한 수학 입문』에서 잘 설명하고 있습니다.

    이 공식은 여러 가지 방식으로 설명할 수 있습니다. 본격적으로는 이항정리를 써서 $(x+h)^n$ 을 전개하여 $\dfrac{(x+h)^n - x^n}{h}$ 에 대해 $h \to 0$일 때의 극한을 계산하면 구해집니다. 함수의 곱의 도함수의 공식을 써서 n에 대한 수학적 귀납법으로 증명하는 방법도 있습니다. 특히 $n=2$일 경우에는 2제곱의 전개공식이므로,

$$
\begin{aligned}
(x^2)' &= \lim_{h \to 0} \frac{(x+h)^2 - x^2}{h} \\
&= \lim_{h \to 0} \frac{(x^2 + 2xh + h^2) - x^2}{h} \\
&= \lim_{h \to 0} \frac{2xh + h^2}{h} \\
&= \lim_{h \to 0} (2x + h) \\
&= 2x
\end{aligned}
$$

가 되는 걸 알 수 있습니다. 이것은 고등학교에서 배우는 대로입

니다. 하지만 여기서는 엄밀성을 조금 희생하기로 하고 앞에서 배운 조금 거친 방법을 이용하여 x^n의 도함수를 직접 구해보기로 하겠습니다.

곱의 도함수의 공식을 구할 때 $F=fg$에 대해 $dF=dfg+fdg$가 되는 것을 직사각형의 면적을 사용하여 설명했었습니다. 직사각형의 변이 아주 조금 변화했을 때 면적의 변화량은 오른쪽 위 귀퉁이의 작은 직사각형을 무시하고 계산하면 된다는 것이었습니다. 그 생각을 연장하여 x^n을 한 변이 x인 n차원 초입방체(超立方體)의 체적이라고 생각하고, 한 변이 dx만큼 변화할 때의 초체적(超體積)의 변화량을 구하는 겁니다.

"앗, 시작됐다. 선생님이 자랑하는 SF수학이다!"

"4차원 초입방체라니, 눈에 보일 리 없는데 말이야."

"누구죠? 구석에서 소란스럽게 구는 게!"

"선생님, 4차원 세계의 주민이 와서 선생님은 너무나 적당주의라고 불평을 하고 있어요."

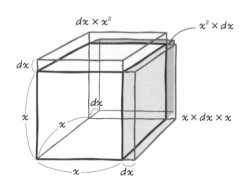

뭐, 4차원 운운에 대해서는 나중에 따지고, 우선 y=χ의 도함수를 구합니다. 이것은 처음부터 정비례 함수이며 비례상수는 1입니다. 따라서 χ가 dx만큼 변화할 때 y도 똑같이 dx만큼 변화하므로,

$$y=χ라면 \, dy=dx$$

가 되는 것은 아주 명확합니다.

여기서 함수 $y=x^n$을 생각해봅시다. 이 '초입방체'의 모든 변이 dx만큼 변화했을 때 전체의 '초체적'의 변화량은 각각의 변에 대해서,

'변의 변화량 dx × 나머지 변'으로 결정되는

$n-1$차원 초체적 x^{n-1}의 합

으로 됩니다.

따라서 $x^n = x × x × x \cdots × x$ 중에서 하나의 x를 dx로 치환하여,

$$(x^n)' = dx × x^{n-1} + x × dx × x^{n-2} + x^2 × dx × x^{n-3} +$$
$$\cdots + x^{n-1} × dx$$

를 계산하면 좋을 텐데, 이것은 물론 $x^{n-1}dx$의 n개의 합이므로,

$$dy = nx^{n-1}dx$$

로 되며 $(x^n)' = nx^{n-1}$ 로 됩니다.

이 공식이 $n=0$, 즉 상수함수 $y=k$일 때에도 성립되는 것에 주의합시다. 상수함수(0차의 다항식)일 때는 x가 어떻게 변화해도 y는 변화하지 않습니다. 즉 $dy=0$인데, 위의 공식으로부터도 $dy=0$이 나옵니다.

"거칠어, 너무 거칠어……"

이렇게 하여 어떤 다항식이라도 그 도함수를 구할 수 있게 되었습니다. 예를 들어 3차 함수 $y=2x^3-3x+3$이 있을 때, 그 도함수는,

$$\begin{aligned}
(2x^3 - 3x + 3)' &= (2x^3)' - (3x)' + (3)' \\
&= 2(x^3)' - 3(x)' + (3)' \\
&= 2 \times 3x^2 - 3 \\
&= 6x^2 - 3
\end{aligned}$$

이 됩니다. 도함수가 구해졌으므로 미분도 구해집니다.

그런데 앞에서 설명했듯이 미분이란 언제라도 어떤 특정한 점 a에서의 미분이라는 것을 잊어서는 안 됩니다. 지금의 경우도 형식적인 미분은,

$$dy = (6x^2 - 3)dx$$

이지만 정말은 이 x에 특정한 값 $x=a$를 대입한,

$$dy = (6a^2 - 3)dx$$

가 미분입니다. 예를 들어 $x=1$에서의 미분은,

$$dy = 3dx$$

$x=0$에서의 미분은,

$$dy = -3dx$$

가 됩니다.

이 식이 무엇을 의미하는가 하면, 3차 함수 $y=2x^3-3x+3$은 $x=1$ 근처에서는 정비례 함수 $dy=3dx$와 구분이 되지 않고, 또 $x=0$ 근처에서는 정비례 함수 $dy=-3dx$와 구분이 되지 않는다는 겁니다. 그래서 예를 들어 $x=1$의 근처에서는 x가 증가하면 y도 증가하고, 그 증가분은 x의 증가분의 세 배 정도라는 걸 알 수 있습니다. 단, x를 너무 많이 변화시키면 오차가 커집니다.

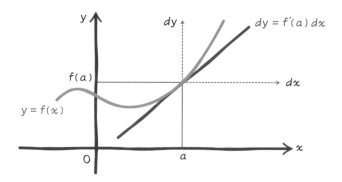

정비례 함수는 함수 중에서도 가장 명쾌한 함수로, 일반적인 함수의 변화의 모습을 정비례 함수로 표시할 수 있다는 건 무척 유용한 일입니다.

또 이 미분에서 특히 $6a^2 - 3 = 0$으로 되는 a, 즉 $a = \pm\dfrac{1}{\sqrt{2}}$에서의 미분은 $dy = 0$이 됩니다. 이것은 무엇을 의미하는 걸까요? 물론 그대로 읽으면 dy가 0인데, 내용을 생각하면 'x가 변화해도 y는 변화하지 않는다'는 겁니다. 이와 같은 점을 함수의 '임계점' 혹은 '특이점'이라고 합니다.

함수란 x가 변화하면 그것에 따라서 y도 변화한다는 관계입니다. 그런데 이 점에서는 x가 변화해도 y가 변화하지 않으니 특이점인 것입니다. 특이점을 구하려면 비례상수가 0으로 되는 점, 즉 $f'(x) = 0$이라는 방정식의 해를 구하면 됩니다. 이것이 미분을 사용하여 함수의 변화의 모습을 파악하는 첫걸음이며 고등학교에서 배우는 내용이기도 합니다.

그럼 왜 특이점을 조사하는 걸까요? 그것은 함수에서 눈에 띄는 특징이 특이점에서 나타나기 때문입니다. 특이점 이외의 장소에서는 함수는 모두 다 비슷한 형태를 보입니다. 그러나 특이점에서는 그 함수만이 갖고 있는 특징이 나타납니다. 극대, 극소라는 것은 함수의 특이점에서 보이는 전형적인 예입니다.

"특이점, 특이점. 선생님이 신나셨어."

"저 선생님은 얘기에 열중하면 강의 시간이 늘어나. 벌써 정오인데 말이야."

"거기서 잡담하는 학생, 사토 군, 특이점이 뭔지 말해봐."

"모르겠습니다!"

"바로 자네 같은 학생이 이 교실의 특이점이야!"

"……"

아무리 입력을 해도 조금도 변화하지 않는다, 실로 이런 학생이 특이점! 농담은 이만하고, 특이점을 확인하면 그 함수에 특유한 변화의 모습을 알 수 있습니다. 그런데 x를 변화시켜도 y가 변화하지 않는 $dy=0$에는 다음 세 가지 형태가 있습니다.

극대   극소   변곡점

앞의 두 가지를 '극값'이라고 하고 나머지 하나를 '변곡점'이라고 합니다. 미분법은 함수의 특이점을 가르쳐주는데, 그 특이점이 이 세 가지 중 어느 것에 해당하는가는 직접적으로는 가르쳐주지 않습니다.

그래서 보통은 '증감표'라는 것을 만들어 특이점 근처에서 함수가 어떻게 변화하는지를 조사하여 그 특이점이 극값이 되는지 어떤지를 확인합니다. 증감표란 결국 특이점 가까이에서만 그래프를 그려보는 것이라고 할 수 있습니다.

조금 전의 3차 함수 $y = 2x^3 - 3x + 3$에서는 $dy = 0$이 되는 점을 $x = a$라고 했을 때, $a = \pm\frac{1}{\sqrt{2}}$이라는 것을 알 수 있었습니다. 이 부근에서 함수의 상태를 조사해보면,

$$dy = (6a^2 - 3)dx$$

이었으므로, $a < -\frac{1}{\sqrt{2}}$이라면 $6a^2 - 3 > 0$, 즉 정비례 함수 $dy = (6a^2 - 3)dx$의 비례상수가 양의 수이고, 이 함수는 증가함수입니다. 마찬가지로 $a > -\frac{1}{\sqrt{2}}$이라면 $6a^2 - 3 < 0$으로 되며, 이번에는 비례상수가 (−)이므로 감소함수, 따라서 $a = -\frac{1}{\sqrt{2}}$이라는 점은 함수가 증가로부터 감소로 변화하는 점, 즉 극대값이 됩니다.

마찬가지 방식으로 조사해보면, $x = \frac{1}{\sqrt{2}}$에서는 극소값이 나온다는 것을 알 수 있습니다.

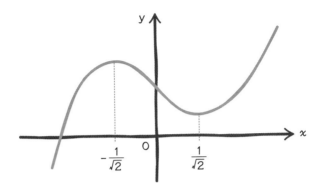

미분으로 알 수 있는 함수의 모습

이와 같이 미분을 사용하면 함수가 변화하는 모습을 조사할 수 있는데, 미분을 사용하면 그 밖에도 많은 일을 할 수 있습니다. 그 중에서도 중요한 것이 함수의 전개입니다. 여기서는 마지막으로 함수의 전개에 대해 설명하겠습니다.

삼각함수를 공부할 때 계산할 수 있는 함수와 계산할 수 없는 함수에 대해 얘기했습니다. 몇몇 특수각의 경우는 삼각비 지식과 피타고라스의 정리를 사용하여 삼각함수의 값을 구할 수 있습니다. 그러나 일반적인 각에 대해서는 삼각함수의 값을 구할 수 없습니다. 하지만 함수 전자계산기를 사용하면 값이 나옵니다.

"그러니까 전자계산기 속에 똑똑한 난쟁이들이 있어서……"

"또 그러네!"

하하, 그걸로는 설명이 안 됩니다. 그 난쟁이들은 어떻게 계산을 하는지 설명할 수 없으니까요. 결국 난쟁이 속에 난쟁이 속에 난쟁이 속에……라고 무한하게 계속됩니다.

실제로 계산할 수 있는 함수는 다항식밖에 없다고 그때 설명했습니다. 그러므로 삼각함수의 값을 계산하려면 그것을 다항식으로 나타내야 합니다. 이것을 함수의 '테일러 전개'라고 합니다.

함수를 테일러 전개하는 원리는 그렇게 어려운 것이 아닙니다. 엄밀한 증명은 조금 수고스럽지만 구조만 알아보자고 하면 다음과 같은 방식으로 알 수 있습니다. 테일러 전개를 하기 위해서는 함수를 몇 번이나 거듭해서 미분할 필요가 있으므로 $f(x)$를 n회 미분한 함수를,

$$f^{(n)}(x)$$

라고 쓰기로 합니다.

이제 다항식 $f(x) = a0 + a1x + a2x^2 + a3x^3 + a4x^4 + \cdots\cdots + anx^n$의 계수가 어떠한 구조로 결정되어 있는지를 조사해봅시다(여기서는 편의상 다항식을 차수가 낮은 순에서 높은 순으로 표시했습니다. 왜 그렇게 표시했는지는 조금 후에 알 수 있습니다). 정수항 a_0는,

$$a_0 = f(0)$$

가 됩니다. 다항식이므로, x에 0을 대입하면 1차 이후의 항이 전부 사라져버립니다. 1차 함수를 공부할 때에 y절편이라고 부른 값입니다. 요컨대 그래프가 y축과 교차하는 점을 말하는 것이지요.

그럼 a_1은 어떨까요.

이번에는 $x=0$을 그대로 대입해도 잘 되지 않습니다. 뭔가 좋은 방법은 없을까요? 여기서 미분이 등장합니다. $f(x)$를 1회 미분해봅시다. x^n의 도함수가 nx^{n-1}이었던 것을 상기하면,

$$f'(x) = a_1 + 2a_2x + 3a_3x^3 + \cdots\cdots + na_nx^{n-1}$$

입니다. 여기에 $x=0$을 대입하면 잘 될 겁니다.

$$a_1 = f'(0)$$

입니다.

그럼 a_2는 어떨까요. 점점 구조가 보이기 시작했나요?

그렇습니다. 한 번 더 미분하면 되는 겁니다. 한 번 더 미분하면,

$$f''(x) = 2a_2 + 3 \times 2a_3x + 4 \times 3a_4x^2 + 5 \times 4a_5x^3 + \cdots\cdots$$
$$+ n(n-1)a_nx^{n-2}$$

로 되고, $x=0$을 대입하여 a_2를 구하면,

$$f''(0) = 2a_2$$

그러므로,

$$a_2 = \frac{f''(0)}{2}$$

가 됩니다. 이것을 반복하여, 일반적으로 n회 미분한 식 $f^n(x)$에 $x=0$을 대입하면,

$$a_n = \frac{f^{(n)}(0)}{n!}$$

를 얻을 수 있습니다. 1회 미분할 때마다 x^n의 지수인 n이 앞으로 내려오므로 n회 미분하면 앞에 n부터 1까지를 곱한 것이 나옵니다. $n!$은 1부터 n까지의 수를 곱한 것으로 n의 계승이라고 합니다.(이상의 전개를 총정리하면, $f(x) = f(0) + f'(0)x + \frac{f^2(0)}{2!}x^2 + \cdots\cdots + \frac{f^n(0)}{n!}x^n$이 된다.—옮긴이)

이 계산은 다항식의 경우는 딱 n회의 미분을 계산하여 끝나지만 이 계산이 일반적인 함수에도 해당된다면 $y = \sin x$나 $y = \cos x$, $y = 2x^2$ 등을 n회 미분한 함수에도 $x=0$을 대입하면 테일러 전개인 x^n의 계수를 구할 수 있겠습니다. 단, '일반적인 함수에도 해당된다면' 하는 부분은 수학적으로는 정확히 규명해둘 필요가 있지만, 삼각함수나 지수함수라면 괜찮다고 알려져 있습니다.

그런데, 이 경우는 몇 차의 다항식이 되는지를 알 수 없습니다. 그 때문에 다항식을 차수가 낮은 순으로 표시하고 모르는 곳은 "……" 라고 써두기로 하고,

$$f(x) = a_0 + a_1 x + a_2 x^2 + a_3 x^3 + \cdots\cdots + a_n x^n + \cdots\cdots$$

로 나타내는 것입니다.

그럼 삼각함수와 지수함수를 실제로 테일러 전개해봅시다.

그러기 위해서는 삼각함수와 지수함수의 도함수를 먼저 구해야 합니다.

지수함수의 도함수

앞의 강의에서 변화율이 자기 자신과 같아지는 함수로서 지수함수 $y = e^x$을 정의했습니다. 거기서는 밑 e가,

$$e = \lim_{h \to 0} (1 + h)^{\frac{1}{h}} = 2.71828182845904\cdots\cdots$$

라고 정의되었습니다. 여기서는 조금 다른 방법을 생각해보겠습니다. $a > 1$인 경우에 지수함수 $y = a^x$의 그래프는 다음과 같이 됩니다.

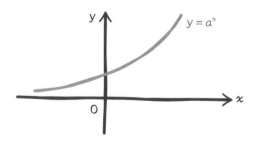

여기서 약간의 처리를 통하여 $x=0$에서의 미분계수를 구해
보겠습니다. $a^x=f(x)$로 하여,

$$f'(0) = \lim_{h \to 0} \frac{f(0+h) - f(0)}{h}$$

$$= \lim_{h \to 0} \frac{a^h - 1}{h}$$

입니다. 여기에 주의하여 이번에는 $f(x)$의 도함수를 구해보
면,

$$f'(x) = \lim_{h \to 0} \frac{f(x+h) - f(x)}{h}$$

$$= \lim_{h \to 0} \frac{a^{x+h} - a^x}{h}$$

$$= \lim_{h \to 0} \frac{a^x a^h - a^x}{h}$$

$$= a^x \lim_{h \to 0} \frac{a^h - 1}{h}$$

$$= a^x f'(0)$$

이므로, 지수함수 $y=a^x$의 도함수는 $x=0$에서의 미분계수의
값 $f'(0)$에 의해 결정됩니다. 그런데 $f'(0)$은 $x=0$에서의 미분
$dy=f'(0)dx$의 비례상수, 다시 말하면 $x=0$에서 $y=a^x$그래프
와 접하는 접선의 기울기입니다. 앞의 $y=a^x$의 그림을 보면 알
수 있는데 이 값은 a를 크게 하면 커지고, a를 작게 하면 작아집
니다. 그래서 딱 $f'(0)=1$이 되는 a의 값이 있을 겁니다. 그것은

대충,

$$\frac{a^h - 1}{h} = 1$$

로 되는 값이지요.

> "앗, 이 식, 앞의 함수 강의에서 지수함수 했을 때 나왔던 식이
> 야!"
> "생각났어. 분모를 없애고 h제곱근을 취하면 a는 대충
> $a = (1+h)^{\frac{1}{h}}$이란 식이 됐었지."

맞습니다. 이 a를 e라고 썼습니다. 대충 $e = 2.7182818284$
$5904\cdots\cdots$라는 겁니다.

이렇게 해서 미분적분학에서 사용하는 $a = e$인 지수함수
$y = e^x$에 있어서는,

$$(e^x)' = e^x$$

가 됩니다. 즉 변화율이 원래의 함수와 동일한 함수입니다. 여기
서 잠깐 옆길로 새서 로그함수의 도함수도 계산해봅시다.

지수함수·삼각함수의 테일러 전개

$(a+b) \times c = ?$

로그함수는 지수함수의 역함수입니다. 역함수라는 것은 x와 y의 역할을 바꾼 함수이므로 로그함수란 함수 $x = e^y$을 말합니다.

"어라, 대수 기호가 안 나와?"

"그 $\log$이라는 녀석 말이야."

네, 이대로는 대수 기호는 나오지 않습니다. 그러나 지수함수의 x와 y의 역할을 바꾼 것이므로 이것은 분명 로그함수입니다. (x, y가 역할을 바꾸었다고 하여 x가 종속변수가 되고 y가 독립변수가 된다는 것은 아니다. x는 계속 독립변수이고 y는 계속 종속변수이다. 지수함수는 지수가 먼저 주어지고 그에 대응하는 제곱산 값을 찾는 함수라면 그 역함수는 제곱산 값이 먼저 주어지고 그에 대응하는 지수를 찾는 함수이다. 즉 변형된 식에서 제곱산 값을 나타내는 x는 독립변수이고, y는 종속변수이다. —옮긴이) 변수 y가 변수 x의 함수라는 데 주의하세요. 하지만 함수는 보통은 $y = f(x)$의 형태로 씁니다(즉, 종속변수를 좌변에 둔다—옮긴이). 그러므로 이 식도 $y = \cdots\cdots$의 형태로 나타내고 싶지만, 아쉽게도 $x = e^y$을 y에 대해 풀어서 $y = f(x)$의 형태로 나타낼 수가 없습니다. 그래서 수학에서는 풀었다고 치고(!)라는 전가의 보도를

사용하여 이것을 log라는 기호를 써서,

$$y = log x$$

라고 쓰기로 약속했습니다. 그러므로 이 식은 $x = e^y$와 동일한 내용을 나타내는 식입니다.

그런데 함수 $x = e^y$의 미분을 만들면,

$$dx = e^y dy$$

입니다.

따라서, $dy = \dfrac{1}{e^y} dx$ 인데, e^y은 x였으므로 $dy = \dfrac{1}{x} dx$ 로 됩니다. 따라서 로그함수의 도함수로서,

$$(log x)' = \frac{1}{x}$$

를 얻을 수 있습니다. 여기서 함수의 미분이라는 생각이 얼마나 유효한지를 감상해보세요.

그럼 다시 지수함수의 도함수로 돌아갑시다.

지수함수의 테일러 전개

> 지수함수는 미분해도 변하지 않는 함수

"그렇다는 얘기는, 한 번 미분해도 변하지 않으니까 몇 번 미분해도 안 변해?"

"응, 그런 것 같아. 그렇다는 건 $(e^x)^{(n)}=e^x$이니까 좀전의 테일러 전개식에서 x^n의 계수는."

그렇습니다. 지수함수에서는 $f(x)=f'(x)=f''(x)=\cdots\cdots f^{(n)}(x)$입니다. 많이 알게 됐나요? 그리고 $f(x)=e^x$일 때,

$$a_n = \frac{f^{(n)}(0)}{n!}$$

의 식으로 계산하면 $f(0)=e^0=1$이므로,

$$a_n = \frac{e^0}{n!} = \frac{1}{n!}$$

이고, 테일러 전개식은

$$f(x)=f(0)+f'(0)x+\frac{f^2(0)}{2!}x^2+\cdots\cdots\frac{f^n(0)}{n!}x^n$$

이므로, 지수함수 $y = e^x$은 다음과 같이 테일러 전개됩니다.

$$e^x = 1 + x + \frac{1}{2!}x^2 + \frac{1}{3!}x^3 + \frac{1}{4!}x^4 + \frac{1}{5!}x^5 + \cdots\cdots$$

"하지만 선생님, 이 다항식은 몇 차 다항식인가요?"

"음……, 그 점이 좀…….."

대부분의 사람은 대충 이해하고 넘어가니 그런 질문은 작은 소리로 해주세요.

실은 앞에도 말했듯이 이 식은 엄밀하게는 다항식이 아닙니다. '……'의 부분은 무한히 계속되는 소위 무한차원의 다항식입니다. 수학에서는 정식으로는 '무한급수'라고 말합니다. 하지만 이 무한차원의 다항식의 분모를 보면 분모는 $n!$입니다. 이 값은 순식간에 커지므로 n이 조금 커지면 제n항은 거의 무시할 수 있을 정도로 작아집니다. 그러므로 계산할 때는 적당한 항까지만 계산하고 그 뒤는 무시해도 괜찮습니다. 전자계산기 속의 난쟁이는 이렇게 해서 e^x의 값을 계산하는 거지요.

삼각함수의 테일러 전개

그럼 다음으로 삼각함수 $sin\ x$, $cos\ x$의 테일러 전개를 생각해보겠습니다. 그러기 위해서는 $sin\ x$를 미분해야 합니다. 이 미분은 고등학교 수학에서 배우는데 계산은 제법 어렵습니다. 여기서는 엄밀한 논의가 아니라 그림을 사용한 직관적인 방식으로 $sin\ x$의 도함수를 구해보겠습니다.

확실히 거친 얘기입니다. 하지만 그것이 미분의 본질을 손상하는 것은 아니라는 사실을 이제는 알고 있겠지요?

다음 그림을 보세요.

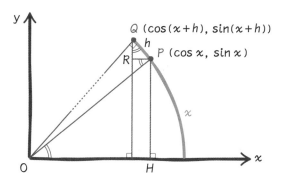

지금 라디안으로 잰 각을 x라고 하고 그 각이 h만큼 변화했다고 칩니다. 이 변화량 h는 단위원의 원둘레 위에서 길이 h의 호로 표현됩니다. 이때 삼각함수 $y = sin\ x$의 변화량은 x와 $x+h$에 대응하는 원둘레 상의 점의 y좌표의 변화에서 구할 수 있으므로,

$$sin\,(x+h)-sinx=QR$$

입니다. 그런데 h가 굉장히 작을 때, PQ는 원의 접선으로 간주되므로, OP는 PQ에 수직이 됩니다. 그러므로 $\angle POH=\angle OPR=\angle PQR$이고 이 세 각의 크기를 라디안으로 재면 모두 x가 됩니다.

그러면 $y=sin\,x$의 변화율은,

$$\frac{sin(x+h)-sin\,x}{h}=\frac{QR}{PQ}$$
$$=\cos\angle PQR$$
$$=\cos x$$

로 되므로,

$$(sin\,x)'=\cos x$$

라는 것을 알 수 있습니다. 마찬가지로 하여 이번에는 부호를 생각하여,

$$(\cos x)'=-sin\,x$$

라는 것도 알 수 있습니다.

이 사실로부터 삼각함수 $sin\,x$와 $cos\,x$의 도함수는 주기적

으로 반복된다는 것도 알 수 있습니다. 실제로,

$$(\sin x)' = \cos x, \ (\sin x)'' = (\cos x)' = -\sin x,$$
$$(\sin x)''' = (-\sin x)' = -\cos x, \ (\sin x)'''' = (-\cos x)' = \sin x$$

로 되며, $sin\ x$를 4회 미분하면 다시 처음으로 돌아와서 동일한 과정을 다시 반복합니다. $cos\ x$는 이것을 한 발 뒤쳐져서 따라 갑니다.

이것을 사용하여 삼각함수를 테일러 전개해봅시다. sin $0 = 0$, $cos\ 0 = 1$에 주의하면,

$$a_n = \frac{1}{n!} f^{(n)}(0)$$

이고 테일러 전개식 일반은

$$f(x) = f(0) + f'(0)x + \frac{f^2(0)}{2!} x^2 + \cdots\cdots + \frac{f^n(0)}{n!} x^n$$

이므로,

$$\sin x = x - \frac{1}{3!} x^3 + \frac{1}{5!} x^5 - \frac{1}{7!} x^7 + \cdots\cdots$$

$$\cos x = 1 - \frac{1}{2!} x^2 + \frac{1}{4!} x^4 - \frac{1}{6!} x^6 + \cdots\cdots$$

라는 삼각함수의 전개를 얻을 수 있습니다. 이것도 지수함수와 마찬가지로, 정확히는 다항식이 아니라 무한히 계속되는 무한급수입니다. 하지만 역시 분모가 순식간에 커지므로 이 무한급수를 적당한 항까지만 다항식으로서 계산하면 삼각함수의 값을 충분한 정확도로 구할 수 있습니다. 이것이 전자계산기 속에 있는 똑똑한 난쟁이의 정체였습니다.

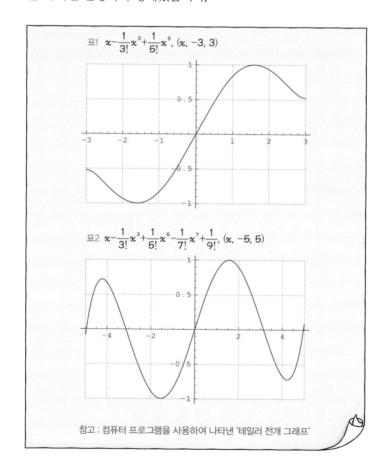

참고 : 컴퓨터 프로그램을 사용하여 나타낸 '테일러 전개 그래프'

실제로 예를 들어 $n=5$, 9까지만 계산하고 그래프를 그려보면 이 다항식 함수의 그래프가 $y=sin\ x$의 그래프와 겹쳐지는 모습을 볼 수가 있습니다.

마지막으로 지금까지 구한 도함수를 일람표로 정리해두겠습니다.

함수	도함수
x^n	nx^{n-1}
e^x	e^x
$\log x$	$\dfrac{1}{x}$
$\sin x$	$\cos x$
$\cos x$	$-\sin x$

그런데 여러분, 어떤 박사가 무척 사랑한 수식이 있다는 것을 아시나요?

"하하, 박사가 사랑한 수식이래. 어디선가 들은 적이 있지."

"어쩐지 나도 아는 척하고 싶군."

박사가 사랑한 수식과 오일러의 공식

　삼각함수와 지수함수의 테일러 전개를 사용하면 무척 신기하고 아름다운, 그리고 또한 무척 도움이 되는 공식을 이끌어낼 수 있습니다. 이것을 '오일러의 공식'이라고 하는데 그 식을 유도해내봅시다.

　지수함수를 테일러 전개한 식,

$$e^x = 1 + x + \frac{1}{2!}x^2 + \frac{1}{3!}x^3 + \frac{1}{4!}x^4 + \frac{1}{5!}x^5 + \cdots\cdots$$

의 x에 ix를 대입해보겠습니다. 단 i는 허수 단위에서 $i^2 = -1$입니다. i의 누승은,

$$i^0 = 1, \quad i^1 = i, \quad i^2 = -1, \quad i^3 = -i, \quad i^4 = 1, \quad i^5 = i, \quad \cdots\cdots$$

처럼 4주기가 되어서 $1, i, -1, -i$를 반복한다는 점에 주의해서 계산하면,

$$e^{ix} = 1 + ix - \frac{1}{2!}x^2 - \frac{1}{3!}ix^3 + \frac{1}{4!}x^4 + \frac{1}{5!}ix^5$$
$$- \frac{1}{6!}x^6 - \frac{1}{7!}ix^7 + \cdots\cdots$$

가 됩니다. 4주기로 반복한다는 점에 조금 주의해주십시오.

보통 복소수는 실수 부분과 허수 부분으로 나누어 $z=a+bi$ 라는 형태로 나타냅니다. 그래서 여기서도 이 식을 i를 포함하지 않는 항과 포함하는 항으로 나누고 후자를 i로 묶으면,

$$e^{ix} = \left(1 - \frac{1}{2!}x^2 + \frac{1}{4!}x^4 - \frac{1}{6!}x^6 + \cdots\cdots\right)$$
$$+ i\left(x - \frac{1}{3!}x^3 + \frac{1}{5!}x^5 - \frac{1}{7!}x^7 + \cdots\cdots\right)$$

라는 식이 얻어집니다.

그런데 이 식의 괄호 속은, 자세히 보면…….

"저거, 어디선가 본 듯한 식인데, 거-참, 생각날 듯하면서 생각이 안 나!"

"바보야. 그건 바로 조금 전에 이끌어낸 삼각함수의 테일러 전개잖아."

그렇습니다. 실수 부분과 허수 부분으로 나누어 보면, 각각 $\cos x$와 $\sin x$의 테일러 전개로 되어 있습니다. 즉,

$$e^{ix} = \cos x + i\sin x$$

라는 식이 성립됩니다.

이 식을 오일러의 공식이라고 합니다. 레온하르트 오일러(1707~1783)는 18세기의 수학자로 수학의 역사상 가장 위대한 수학자 중 한 사람입니다. 이 신기하고도 아름다운 식은 그의 이름을 따서 명명되었습니다. 이렇게 보면 허수라는 수가 얼마나 유용한 수인가를 알 수 있습니다. 복소수까지 수의 세계를 넓히면 지수함수와 삼각함수가 동료 함수가 되는 겁니다. 실제로 노벨상을 수상한 유명한 물리학자 리처드 파인먼(1918~1988)은 이 식은 조금 고급한 수학에서는 가장 기본적인 역할을 한다고 말했던 모양입니다. 더구나 이 식의 x에 $x = \pi$를 대입하면 하나 더 유명한 식

$$e^{i\pi} = -1$$

이라는 관계를 얻을 수 있습니다. 오가와 요코의 소설 『박사가 사랑한 수식』으로 일약 유명해진 이 식은 함수의 테일러 전개를 사용해서 얻은 것입니다.

"확실히 무척 신기한, 그러면서도 무척 아름다운 식이야."

"응, 이건 확실히 아름답군. 사랑할 만해. 허수 단위 i, 원주율 π, 자연상수 e 사이에 이런 관계가 있었군."

이 식은 모양만 아름다운 게 아니라 실제로 여러 가지 분야에서 응용되고 있습니다. 이것으로 미분의 강의를 끝내겠는데, 어때요 어렴풋하게나마 미분이 뭔지 알 것 같나요?

"······."

41421356237309504878

87 2420969807856967187594769480731766171661971371990

703885038753432764

4장

적분 :
쌓아보면 알 수 있다

"적분이라, 빨간 밀가루가 새로 나왔다던데."

"그런 썰렁한 개그를 요즘도 하니?"

"간단, 간단, 초간단. $\int x^2 dx = \frac{1}{3}x^3 + C$ 죠?"

적분이라는 생각

"적분이라, 빨간 밀가루가 새로 나왔다던데."

"그런 썰렁한 개그를 요즘도 하니?"

하긴 미분은 '고운 밀가루', 적분은 '빨간 밀가루'라고 하는 유명한 유머가 있었습니다. 이 강의에서는 그런 적분(赤紛)이 아니라 적분(積分)을 공부할 생각입니다.

자, 그 적분인데…….

"간단, 간단, 초간단. $\int x^2 dx = \frac{1}{3}x^3 + C$ 죠?"

"있지, 자네, 늘 초간단이라고 하는데, 그 식은 뭐야?"

"이거요? 적분이잖아요?"

또 시작된 모양입니다. 확실히 적분이라는 말을 듣고 이런 식을 떠올렸다가도, 그 식은 무엇인가 하는 질문을 받으면 막혀버리는 학생들이 많습니다. 실은 그러한 적분식이 나오기까지는 오랜 역사가 필요했습니다.

"선생님, 또 고향을 방문할 건가요?"

고향 방문이 별로 즐겁지 않은 모양입니다. 현재의 고등학교 교육에서는 미분을 먼저 배우고 나서 적분을 배우는 것이 보통입니다. 수학이라는 건 어떤 면에서 아무래도 계속 쌓아 올라가는 성격을 가지고 있으므로, 그런 교육과정에서는 미분이 기초이고 그 위에 적분이 쌓여, 전체적으로 미분적분학이라는 수학을 만들어낸다고 생각하는 것도 무리가 아닙니다.

그러나 실제로 수학의 역사를 배우면 적분이라는 생각의 싹이 이미 그리스 시대에서부터 있었다는 사실을 알 수 있습니다. 여러분이 적분을 배울라치면 의외로 처음에 "포물선으로 둘러싸인 부분의 면적을 구하라"고 하는 문제가 나옵니다.

직선으로 둘러싸인 도형의 면적을 구하는 것은 그렇게 어렵지 않습니다. 직사각형의 면적은 두 변의 곱으로 구해진다(밑변×높이)는 사실만 알면 삼각형의 면적은 그 삼각형을 요령껏 잘 잘라내어 직사각형으로 조립해내면 구할 수 있습니다.

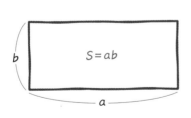

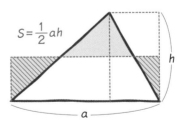

이것이,

$$삼각형의 면적 = \frac{1}{2} \times 밑변 \times 높이$$

가 된다는 건 초등학생 때 배웁니다.

　일반적으로 다각형의 면적은 다각형을 몇 개인가의 삼각형으로 나누고, 그 삼각형들의 면적을 하나하나 계산한 다음 다시 합하면 구해집니다. 복잡한 형태를 지닌 토지의 면적을 구할 때에도 실제로 토지를 삼각형으로 나누어 측정합니다.

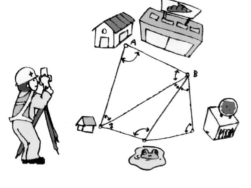

　그러나 포물선처럼 곡선으로 둘러싸인 부분의 면적은 구하기 힘듭니다. 아르키메데스는 실제로 포물선으로 둘러싸인 부분의 면적을 무척 교묘한 방법으로 계산해냈습니다. 그것은 현재의 적분 그 자체는 아니었습니다만 그 발상은 적분의 사상과 같았습니다. 아르키메데스도 포물선으로 둘러싸인 부분의 면적을 몇 개인가의 삼각형으로 나누어 계산했습니다. 그런데 포물선은 구부러져 있습니다.

　"구부러져 있다니, 곡선이니까 당연하지. 구부러진 건 삼각형

같은 걸로 나눌 수 없는데."

"맞아. 센야마 선생님은 그래서 구부러진 걸 굉장히 싫어한다
고 했다니까."

　맞습니다. 실제로 포물선으로 둘러싸인 부분을 삼각형으로
빈틈없이 메울 수는 없습니다. 현대의 적분학에서는 극한이라는
개념을 써서 그것을 잘라냅니다. 하지만 아르키메데스는 다음
그림과 같이 포물선을 삼각형으로 메워가서 포물선으로 둘러싸
인 부분의 면적이 그림의 삼각형 △AOB의 $\frac{4}{3}$배가 되는 걸 보였
습니다. 거기서 사용된 방법은, 포물선의 면적이 삼각형의 면적
의 $\frac{4}{3}$보다 크다고 해도 모순이 되고 작다고 해도 모순이 된다는
사실을 보이는 것이었습니다. 극한이라는 개념을 사용하지 않고
서도 극한을 능란하게 다룬 겁니다.

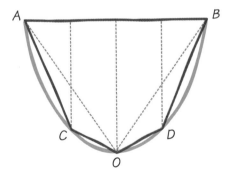

　이 방법에서 가장 중요한 포인트가 되는 건 △ACO와 △BDO
의 면적의 합이 △AOB의 면적의 $\frac{1}{4}$이 된다는 점입니다. 현대적

인 기법으로 이들 삼각형의 면적을 계속 더해가면 전체 면적은 원래 삼각형의 면적의,

$$1+\frac{1}{4}+\left(\frac{1}{4}\right)^2+\left(\frac{1}{4}\right)^3+\cdots\cdots=\frac{1}{1-\frac{1}{4}}=\frac{4}{3}$$

배가 된다는 겁니다. 삼각형의 밑변의 길이를 2, 높이를 1이라고 하면 삼각형 $\triangle AOB$의 면적은 1, 따라서 포물선으로 둘러싸인 부분의 면적은 $\frac{4}{3}$입니다.

"좀 번거롭긴 하지만. 고등학교에서는 이런 식으로 구했어요."

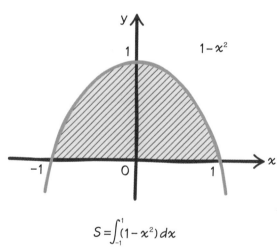

$$S=\int_{-1}^{1}(1-x^2)\,dx$$
$$=[x-\frac{1}{3}x^3]_{-1}^{1}$$
$$=\frac{2}{3}+\frac{2}{3}$$
$$=\frac{4}{3}$$

"앗, 아르키메데스의 계산과 결과가 같다!"

당연합니다! 하지만, 아르키메데스가 그 천재성을 가지고 겨우 계산할 수 있었던 포물선의 면적을 여러분과 같은 학생들도 간단하게 할 수 있다는 것이 바로 현대 적분학의 막강한 위력입니다. 하지만 그 계산을 한 자네, 그것이 정확한 면적인지 아닌지 어떻게 알았나요?

"그렇게 배웠어요."

아무래도, 구조 쪽은 잊어버린 모양입니다. 하긴 평상시 우리는 포물선으로 둘러싸인 부분의 면적을 거의 계산할 일이 없으므로 잊어버리는 것도 어쩔 수 없겠죠. 이 면적은 다음과 같이 물리적인 방법으로 구할 수도 있습니다. 앞의 그림에 나온 포물선의 형태를 두꺼운 종이로 세 장 잘라냅니다. 같은 두꺼운 종이로 한 변이 1인 정사각형을 네 장 잘라내고, 양쪽을 저울에 올려놓아봅시다.

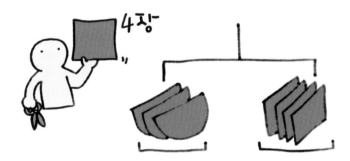

완벽하게 균형이 잡혔습니다. 두께가 일정한 종이이므로 면적은 무게에 비례합니다. 그런데 양쪽의 무게가 같다면 결국 포물선의 면적은 정사각형의 면적의 $\frac{4}{3}$배라는 결론이 나옵니다.

자, 근대적인 적분의 이야기에 들어가기 전에 고향 방문을 한번 더 해봅시다. 이번에는 고대 그리스에서 중세 말기의 유럽으로 훌쩍 넘어가보겠습니다.

카발리에리의 원리

프란체스코 카발리에리(1598~1647)는 적분의 고향에 사는 주민 중 하나인데, '불가분(不可分)'이라는 사고방식을 사용하여 여러 가지 형태의 면적과 체적을 구했습니다. '카발리에리의 원리'란 다음과 같은 사고방식을 말합니다.

카발리에리의 원리

두 개의 평면도형 X, Y에 대해 그것을 평행한 직선으로 잘라본다. 자른 단면의 선분의 길이가 같으면 X와 Y의 넓이는 같다. 체적에 대해서도 X와 Y를 평행한 평면으로 잘라본다. 자른 단면의 넓이가 같으면 X와 Y의 체적은 같다.

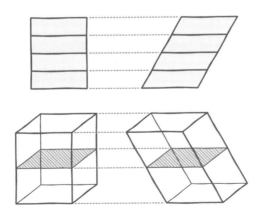

카발리에리는 평면 도형은 선분이 모여서 만들어진 것이며 입체 도형은 면이 모여서 만들어진 것이라고 생각했습니다. 그 선분과 면이 카발리에리가 말하는 '불가분'입니다. 그리고 그 불가분의 길이나 넓이가 같으면 전체의 넓이와 체적도 같다고 생각한 겁니다.

> "하지만, 선에는 길이가 있지만 넓이는 없잖아요. 넓이가 없는 것은 아무리 모아도 넓이가 안 되지 않나요?"

그렇습니다. 그것이 이 생각의 조금 난처한 부분입니다. 카발리에리는 그것을 실을 짜서 천을 만들면 넓이가 나온다, 책의 페이지 한 장 한 장에는 체적이 없지만 그것이 모여 책이 되면 체적이 나온다고 설명했다고 합니다. 하지만 실제의 실은 아무리 가늘어도 수학에서 말하는 진정한 선은 아니고, 실제의 종이는 아무리 얇아도 두께가 있습니다. 그러나 어쩐지 괜찮은 비유라는 생각이 들지 않나요? 극한이라는 생각이 없던 시대에는 이 이상으로 설명하기가 힘들었을 겁니다. 훗날 카발리에리의 생각은 수학적으로 엄밀하지는 않더라도 옳았다는 것이 밝혀졌습니다. 이 생각을 이용하여 넓이와 체적을 구해봅시다.

두 개의 포물선 $y = x^2$과 $y = x^2 + 1$, 및 직선 $x = 0$(y축)과 $x = 1$로 둘러싸인 부분의 넓이를 구해보겠습니다.

이 도형과 그림의 정사각형, 즉 원점과 점(1, 1)로 결정되는 정사각형을 비교하는 겁니다. 두 개의 도형을 직선 $x = a$; ($0 \leq a \leq 1$)로 자른 선분의 길이를 비교해봅니다. 정사각형을 자른 단면의 선분은 어디에서나 길이가 1입니다. 그럼 포물선으로 둘러싸인 도형 쪽은 어떨까요.

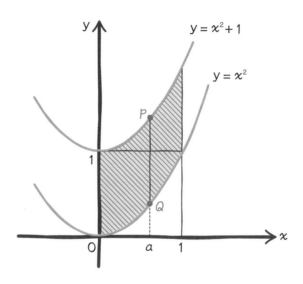

P의 y좌표는 $a^2 + 1$, Q의 y좌표는 a^2이므로,

$$\overline{PQ} = (a^2 + 1) - a^2 = 1$$

로 되며, 이것도 어디에서나 길이가 1입니다. 따라서 카발리에리의 원리에 의하면 포물선으로 둘러싸인 도형과 정사각형의 면적은 같고, 구하는 면적은 1입니다.

"하지만 선생님, 그건 포물선 $y=x^2$을 1만큼 위로 평행 이동시킨 것뿐이니까 당연하잖아요."

뭐, 그렇기는 하지만 이 원리로 구할 수도 있다는 얘기입니다. 그럼 별로 당연해보이지 않는 예를 들어봅시다. 이것은 잘 알려져 있는 유명한 예입니다. 반지름 r인 반구의 체적을 구하는 문제입니다.

"구체적인 공식을 대봐."

"응?"

"어라? 몰라? 구의 체적의 공식."

$$V = \frac{4}{3}\pi r^3$$

잘 외우고 있군요. 반구의 체적은 구의 체적의 절반이 됩니다. 이 반구처럼 높이가 딱 r인 원기둥을 세워놓고 그 안에서 그림의 오른쪽처럼 원추를 도려냅니다.

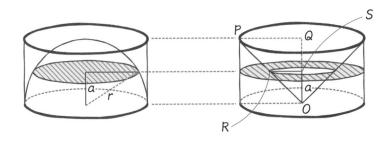

이 두 개의 입체에 대하여 밑면으로부터의 높이가 a인 평면에서 자른 단면의 면적을 조사합니다.

반구 쪽은 자른 단면의 원의 반지름이 $\sqrt{r^2-a^2}$이므로(피타고라스의 정리 이용-옮긴이) 면적은,

$$\pi(r^2-a^2)$$

입니다. 그럼 원기둥으로부터 원추를 도려낸 도형 쪽은 어떨까요. $\triangle OPQ$가 직각 2등분 삼각형이 되는 것에 주의하면, $RS = OS = a$입니다. 따라서 두 개의 원으로 둘러싸인 부분의 면적은,

$$\pi(r^2-a^2)$$

로 되어 같아집니다. 그러므로 카발리에리의 원리에 의해 이 두 개의 입체, 즉 반구와 원추를 도려낸 원기둥의 체적은 같습니다.

그런데 원기둥으로부터 원추를 떼어낸 입체의 체적은,

$$\pi r^2 \times r - \frac{1}{3}\pi r^2 \times r = \frac{2}{3}\pi r^3$$

이 되어 반구의 체적이 무사히 구해졌습니다.

제법 훌륭하죠.

"그런 걸 선생님, 자화자찬이라고……."

　현대적인 미분적분학이 시작되기 전에 이미 면적과 체적에 대해서, 이처럼 여러 논의가 있었다는 사실을 알아두세요. 이제 이런 생각들을 기초로 하여 적분을 설명하겠습니다. 현대적인 미분적분학의 핵심에 있는 것은 '미분적분학의 기본 정리'입니다. 이것은 미분과 적분의 관계에 대한 정리로 이 정리에 의해 아르키메데스나 카발리에리와 같은 아이디어를 사용하지 않더라도 누구나 쉽게 적분 계산을 할 수 있게 되었습니다.

적분의 기본적인 성질

$(a+b) \times c = ?$

함수 $y = f(x)$와 그 그래프에 대해 a부터 b까지의 적분을 다음과 같이 정의합니다.

적분

함수 $y = f(x)$의 그래프와 x축 및 직선 $x = a$, $x = b$로 둘러싸인 면적 S를 함수 $y = f(x)$의 a부터 b까지의 적분이라 하며, 기호

$$\int_a^b f(x)\,dx$$

로 씁니다. 부호가 붙었다는 것은 x축의 아래쪽에 나오는 부분의 면적을 마이너스로 계산한다는 의미입니다. 함수의 그래프가 x축 양쪽에 걸쳐 있을 때 적분의 값은 윗부분과 아랫부분의 면적의 차이가 됩니다.

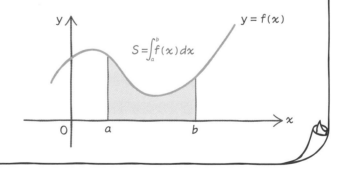

우리는 직접 면적을 이용하여 적분을 정리합니다. 여기서 주의해야 할 것은 적분이란 하나의 값(부호 붙은 면적의 값)으로, 그것은 함수 $f(x)$와 적분할 구간 $a \le x \le b$로 결정된다는 점입니다. 함수만 있다거나 적분할 구간만 있어서는 적분의 값이 결정되지 않습니다.

하나 더, 적분의 표기에서도 주의할 점이 있습니다. 그것은 적분의 값은 변수를 무엇으로 표기하느냐 하는 것과는 상관없다는 겁니다. 구체적으로는,

$$\int_a^b f(x)\,dx = \int_a^b f(t)\,dt = \int_a^b f(s)\,ds = \int_a^b f(u)\,du$$

는 모두 같은 값을 갖습니다. 적분은 함수와 구간으로 결정되는 값이므로 f와 a, b가 동일하면 변수가 x든 t든 그 값은 변함이 없습니다. 이것은 단순하고 별것 아닌 것처럼 보이지만 적분의 성질을 조사할 때에 요긴하게 사용됩니다.

이상의 사항을 염두에 두고, 이제 적분의 값을 어떻게 계산하는지 알아봅시다. 먼저 적분의 정의에서 알 수 있는 적분의 성질을 확인해봅시다.

적분은 함수와 구간으로 결정되는 값이라고 말했습니다. 그러므로 적분의 성질은 크게 두 개로 나뉩니다. 적분할 함수에 관계된 성질과 적분할 구간에 관계된 성질입니다.

선형성

함수에 관계된 성질을 적분의 선형성이라고 합니다. 함수의 합과 함수의 상수배에 대해 다음과 같은 식이 성립합니다.

$$(1)\quad \int_a^b (f(x)+g(x)) = \int_a^b f(x)\,dx + \int_a^b g(x)\,dx$$

$$(2)\quad \int_a^b k f(x)\,dx = k \int_a^b f(x)\,dx \qquad (k\text{는 상수})$$

적분이라는 계산은 함수의 합과 상수배에 대해 동일한 방식으로 대응합니다. 앞서 미분도 같은 성질을 지녔습니다.

이것을 카발리에리의 원리를 이용하여 직관적으로 설명해보겠습니다.

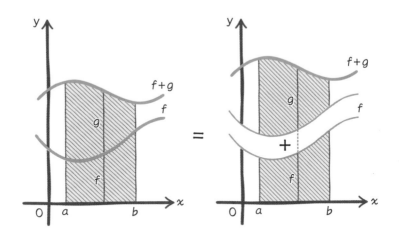

함수 $f(x)+g(x)$의 a부터 b까지의 적분이 그림으로 표시되어 있습니다. 이것을 $f(x)$의 궤적을 따라 잘라서 아래

위 두 영역으로 나눕니다. 전체의 면적은 이 두 영역의 면적의 합입니다. 아래 영역의 면적은 $f(x)$의 a부터 b까지의 적분 그 자체입니다. 위의 부분은 어떨까요? 이 도형을 y축에 평행한 직선으로 자른 단면의 길이는 $f(x)$가 없었다고 했을 때의 원래의 $g(x)$(즉 x축에서 $g(x)$까지의 거리-옮긴이)와 동일합니다. 그러므로 카발리에리의 원리에 의해 이 위 영역의 면적은 원래 $g(x)$의 a부터 b까지의 적분과 같아지며, 따라서 선형성($\int_a^b (f(x)+g(x)) = \int_a^b f(x)dx + \int_a^b g(x)dx$)이 성립됩니다. $\int_a^b kf(x)dx = k\int_a^b f(x)dx$($k$는 상수)도 마찬가지입니다.

"햐—."

"잠깐, 이상한 소리 좀 내지 마."

"깜짝 놀랐어. 카발리에리의 원리는 정말 편리하구나 싶어서."

아, 이거 참, 깜짝 놀라다니 정말 기쁩니다. 이런 데에도 카발리에리의 원리가 사용되는 겁니다. 어떻습니까? 고향 방문도 재미없지만은 않지요?

자, 다음은 적분의 두 번째 성질, 즉 적분하는 구간과 관계된 성질입니다.

가법성

적분하는 구간 $a \leq x \leq c$를 두 개로 나누어 $a \leq x \leq c$, $c \leq x \leq b$

로 했을 때 다음이 성립됩니다.

$$\int_a^b f(x)\,dx = \int_a^c f(x)\,dx + \int_c^b f(x)\,dx$$

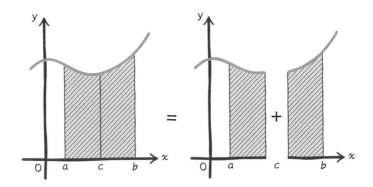

이쪽은 그림을 보면 분명합니다. 전체 면적은 각 부분의 면적을 더하면 구해집니다.

적분의 큰 성질은 이 두 가지인데, 여기에 적분이란 뭔가를 보여주는 성질을 하나 더 추가하겠습니다.

적분 평균값의 정리

이번에는 적분할 함수가 연속이 아니면 성립되지 않습니다. 즉, 그래프에 틈이 있으면 안 됩니다.

연속함수 $f(x)$에 대해서,

$$\int_a^b f(x)\,dx = (b-a)f(c)$$

가 되는 $c(a \le x \le b)$가 적어도 한 개 있다.

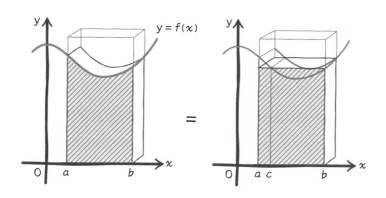

적분의 그림을 수조라고 생각해주세요. 평면 수조입니다.

"평면 수조라니 말도 안 되는 억지인 걸."

자꾸 어깃장 놓지 말고. 힘들면 1만큼 두께가 있다고 해봅시다. 전체에 물이 들어 있고 위에 $f(x)$의 그래프 형태와 동일한 뚜

껑이 달려 있습니다. 뚜껑 덕분에 수면은 평평하지 않습니다. 이 뚜껑을 벗기면 수면은 평평해집니다. 물론 전체 물의 양은 변함없습니다. 그래프는 하나로 이어져 있으므로 이 평평한 수면은 원래의 그래프와 적어도 한 장소에서 교차합니다. 이것이 c입니다.

즉 전체를 평평하게 평균을 취해서 수면의 높이를 일정하게 하는 겁니다. 면적으로 말하자면 전체를 직각사각형으로 고친다는 얘기입니다($(b-a)f(c)$ 라는 것은 바로 직사각형의 밑변에 높이를 곱하여 면적을 구하는 식이다.—옮긴이).

이상으로 적분의 성질에 대한 검토를 마치겠습니다. 결국 적분의 값을 구하려면, 예를 들어 다항식 함수라면 하나하나의 함수 x^n에 대한 적분을 구한 다음 서로 합하면 된다는 걸 알 수 있습니다. 그럼 이들 하나하나의 함수의 적분을 어떻게 구하면 좋을까요. 다음에는 그 점에 대해 생각해볼 겁니다.

나눠서 더하는 것과 미분

우리는 적분을 그래프와 x축으로 둘러싸인 부분의 부호 붙은 면적이라고 했습니다. 이것이 직선으로 둘러싸인 형태라면 원리적으로는 삼각형으로 그 면을 나눠서 각각의 면적을 계산하고 그것의 합을 구하면 전체의 면적이 나옵니다. 문제는 곡선으로 둘러싸인 부분의 면적입니다.

아르키메데스는 그것을 삼각형으로 다 메운다고 하는 천재적인 아이디어로 계산해냈습니다. 이것은 물론 구하는 면적이 포물선으로 둘러싸인 부분이기 때문에 가능했던 일입니다.

하나하나의 구체적인 문제에 대해 그 문제에만 적용될 수 있는 독특한 아이디어를 떠올려서 탁 하고 해결해낼 수 있다면 그건 무척 재미있는 일일 겁니다. 전형적인 예는 평면 기하학의 보조선이겠지요. 보조선 한 개로 지금까지 보이지 않았던 증명 방법을 멋지게 찾아내는 것은 기하학이 가져다주는 재미의 원천입니다.

한편으로 그와 같은 아이디어는 생각하는 사람에게는 충분한 수학적 경험이 축적되어 있을 것을 요구합니다. 물론 번뜩 떠오르는 일도 있겠지요. 그러나 번뜩임이라는 것도 그 문제에 대한 다양한 경험이 축적되었을 때 나오는 것이 아닐까요? 즉 특정한 문제에 적용되는 특정한 해결 방법을 생각해내기 위해서는 상당한 수학적 경험이 요구됩니다.

그에 비해 소위 일반적인 방법은 어떤 의미에서는 시종일관 산문적이고 재미없는, 기계적인 계산이라는 느낌을 줄 수가 있습니다. 그러나 '생각하는 일 없이' 기계적인 계산으로 답을 구할 수 있게 한다는 것은 무척 중요한 일입니다. 초등학교 때 여러분은 처음에는 수를 생각하면서 계산했겠지요. 하지만 지금은 거의 머리를 쓰지 않고 기계적으로 계산할 수 있을 것입니다. 이것이 기계적 계산의 힘입니다.

> "기계적 계산이라 해도 말이지, 분수 계산 같은 건 거의 하지 않는 걸."
> "그러니까 그건 생각하는 트레이닝이었대."
> "분수를 못하는 학생이 있었지."
> "에이, 계산이 좀 틀린 거겠지."

네, 잡담은 그만하세요. 적분 얘기로 돌아갑시다. 적분이 보여주는 하나의 특징은, 아르키메데스의 천재성이 있어야 하는 게 아니라 어떤 범재라도 면적 계산을 할 수 있는 기계적인 방법이라는 데에 있습니다.

> "선생님, 누가 범잰데요!"

"학생은 천재예요!"

"?"

실례, 제 얘깁니다.

현대의 적분에서는 삼각형이 아니라 직각사각형을 써서 면적을 근사(近似)해갑니다. 이것을 '구분구적법'이라고 합니다.

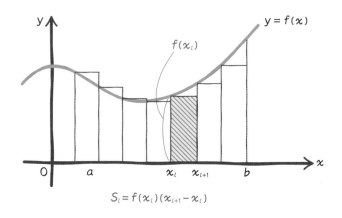

$$S_i = f(x_i)(x_{i+1} - x_i)$$

우선 적분값을 구하고 싶은 구간 $a \le x \le b$를 몇 개인가의 점으로 분할합시다. 그것을,

$$a = x_0 < x_1 < x_2 < \cdots\cdots < x_n = b$$

로 하고, 구간 $x_i \le x \le x_{i+1}$을 생각합니다. 여기서 함수값 $f(x_i)$를 계산하여 밑변이 $x_{i+1} - x_i$이고 높이가 $f(x_i)$인 직각사각형

을 생각한 다음, 이 면적 S_i를 구합니다. 직각사각형의 면적은 밑변×높이이므로,

$$S_i = f(x_i)(x_{i+1} - x_i)$$

입니다.

이 가늘고 긴 직각사각형의 면적을 모두 더하면 구하는 면적 (적분의 값)을 계단 모양의 도형으로 근사한 값이 나옵니다. 그것을 $\triangle_n$이라고 합시다.

$$\triangle_n = \sum_{i=0}^{n-1} S_i$$

입니다. 여기서 분할을 더욱더 촘촘하게 해가면 이 계단 모양의 면적은 점점 더 구하는 적분의 값 S에 다가갑니다. 이리하여 $n \to \infty$로 했을 때의 극한값으로서 S가 구해지는 겁니다.

$$\int_a^b f(x)\,dx = \lim_{n \to \infty} \triangle_n = \lim_{n \to \infty} \sum_{i=0}^{n-1} S_i$$

우변을 구분구적법이라 합니다.

"적분값은 구분구적법으로 구한다."

기억해둡시다.

"하―, 좋은 표어가 생각났어."
"적분은 급작스레 못 구한다. 어때?"

확실히 우변은 조금 번거로운 기분이 드는 식입니다. 그러나 조금 냉정하게 생각해보면 우변은 단지 밑변의 길이 $x_{i+1} - x_i$를 구한 다음 거기에 함수의 값 $f(x_i)$를 곱하는 것일 뿐이므로 귀찮을지는 모르지만 어려운 식은 아닙니다. 극한을 취한다 하더라도 n을 충분히 크게만 하면 실용적으로 사용하는 데는 아무 문제가 없을 정도로 유사한 면적이 구해질 겁니다. 특히 지금은 컴퓨터라는 편리한 기계가 발전했으므로 사람이 수작업으로 적분을 계산하는 일은 없습니다.

그리고 이 방법은 카발리에리의 원리의 연장선상에 있다는 점도 알아둡시다. 카발리에리는 면을 선으로 다 메운다(불가분)고 생각했습니다. 하지만 선에는 면적이 없으므로 그것을 무수히 그러모아도 면적이 되지는 않는 것 아니냐, 하는 의문이 생깁니다. 그러나 구분구적법에서는 선이 아니라 미세한 직각사각형으로 면을 메우므로 그런 걱정은 할 필요가 없습니다. 하지만 직각사각형의 밑변의 길이를 굉장히 작게 잡으면 겉보기에는 마치 면이 선분으로 메워진 것과 같아집니다. 이것이 '극한'이라는 생각의 좋은 점입니다.

즉 구분구적법이란 카발리에리의 정리를 수학적으로 정리하여 엄밀하게 만든 것으로 간주할 수 있습니다.

"고향의 할아버지에게 감사해야 하나."

그러나 앞서 학생이 말했듯이 여러분은 적분값을 구할 때 보통은 이런 식으로 계산하지 않을 겁니다. 여러분이 쓰는 방법과 구분구적법은 어떤 관계가 있을까요? 이것은 미분적분학의 기본 정리를 묻는 문제입니다.

다시 구분구적의 그림을 바라봅시다.

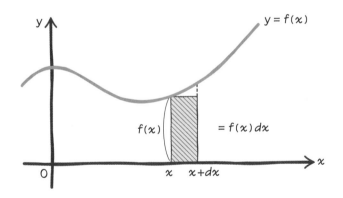

가늘고 긴 직각사각형의 면적을 전부 더해서 전체 면적을 구한다. 이것이 구분구적이었습니다. 여기서 직각사각형 하나를 끄집어냅니다. 간단히 하기 위해 출발점을 x, 밑변의 길이를 dx로 합니다. 즉 x로부터 출발하여 x가 dx만큼 변화했을 때의 직각사각형의 면적을 구하는 겁니다. 이 dx는 미분을 공부할 때 배웠던 x의 미분과 동일한 것입니다. 이때 직각사각형의 면적 S_i는 물론,

$$S_i = f(x)dx$$

가 됩니다. 밑변×높이니까요.

　그런데 이 식…….

　　"흐—응, 어딘가에서 본 것도 같고 못 본 것도 같은."

　　"미분 때 했던 함수의 미분과 비슷해. 그때는 $f'(x)dx$였지만."

　　"$f(x)$가 도함수인지 아닌지는 모르지만 결국 같은 거 아니야?"

　그렇습니다. 이 식은 미분의 식과 같은 형식을 갖고 있지요. 그러므로 만약

$$F'(x) = f(x)$$

로 되는 함수 $F(x)$가 있으면,

$$f(x)dx = F'(x)dx$$

가 됩니다. 즉 $F(x)$는 면적을 나타내는 함수이며 그 미분인 $F'(x)dx$는 가느다란 직사각형의 면적을 나타낸다는 겁니다. 이것은 매우 중요한 사항이므로 꼭 기억해두십시오.

미분이란 게 뭐였지요?

"에—, 미분이란 건 고운 밀가루를 말하는 게 아닐까요."
"그 개그는 이제 낡았어!"
"미분이란 어떤 x의 함수에서 x가 dx만큼 변할 때 함수가 얼마만큼 변화하는가를 정비례 함수로 근사(近似)한 것으로, 함수의 변화량을 나타낸 식입니다."

그렇습니다. 미분이란 x가 dx만큼 변화했을 때의 함수의 변화량을 나타내는 식입니다. 지금의 경우 가느다란 직사각형의 면적을 나타내는 좌변의 $f(x)dx$가 $F'(x)dx$가 되는 면적의 함수 $F(x)$의 미분 $F'(x)dx$와 같으므로 이것은 함수 $F(x)$에서 x가 dx만큼 변화했을 때의 $F(x)$의 변화량, 즉 면적의 변화량을 나타낸다고 할 수 있습니다. 이 변화량을 a부터 b까지 더하면 어떻게 될까요?

"x가 dx씩 변화하는 데 대한 면적 함수의 변화량의 총합이니까……."
"왠지 갑자기 어려운 말을 쓰는데, 정말로 알고 하는 말이야?"

"안다니까. 맞다, 변화량을 조금씩 전부 더하면 전체의 변화량
이 되는 거야."

그렇습니다. 학생처럼 조금씩만 쌓이는 교육 효과라도 계속
쌓아가면 한 학기의 수업이 끝날 무렵에는 그 총합으로써 훌륭
한 학습 효과가 나오는 거지요.

"칭찬 들었어! 이것으로 성적은……."

성적과 이것은 별개입니다. 어쨌든지 조금씩의 변화량을 전부
더하면 전체의 변화량이 됩니다. 그런데 이와 같이 생각하면 이
총합은 두 가지의 의미를 갖습니다.

하나는 말할 것도 없이 직각사각형의 면적의 총합이 곧 적분
값, 즉 함수 $F(x)$의 궤적과 x축의 사이에서 $x = a$와 $x = b$로
둘러싸인 부분의 면적이라는 겁니다. 이것은 적분의 정의에서
확인했던 거지요. 즉 이 경우의 총합은

$$\int_a^b f(x)\,dx$$

가 됩니다.

다른 하나는 지금 살펴본 데서부터 알 수 있듯이 이 총합은
면적의 함수 $F(x)$가 $x = a$부터 $x = b$까지 변화한 변화량입니

다. 이 변화량은 물론 $F(b)$와 $F(a)$의 차이가 되니까,

$$\int_a^b f(x)dx = F(b) - F(a)$$

이며 이 식의 결과값과 앞의 식의 결과값은 동일합니다. 즉

$$\int_a^b f(x)dx = F(b) - F(a)$$

라는 겁니다.

여기서 중요한 것은 직각사각형의 면적을 나타내는 식 $f(x)dx$가 함수 $F(x)$의 변화량을 나타내는 미분이라는 겁니다. 단, $F'(x) = f(x)$입니다. 이 함수 $F(x)$를 함수 $f(x)$의 원시함수(즉, x로 미분하면 $f(x)$가 되는 함수 y가 있을 때, y를 $f(x)$의 원시함수라고 한다. 또한, 함수 $f(x)$의 원시함수를 구하는 것을 $f(x)$를 적분한다고 한다.—옮긴이)라고 합니다. 정리해서 말하면,

"적분값은 원시함수의 차(差)로서 구해진다."

입니다. 미분이라는 계산을 생각할 때에는 그저 함수의 도함수를 구하는 계산으로 볼 것이 아니라 함수의 미분 $dy = f'(x)dx$에 중요한 의미를 두어야 합니다.

여기까지 종합한 것이 미분적분학의 기본 정리입니다.

미분적분학의 기본 정리

함수의 적분은 다음 식으로 계산할 수 있습니다.

$$\int_a^b f(x)dx = F(b) - F(a)$$

단, $F(x)$는 $f(x)$의 원시함수로 $F'(x) = f(x)$입니다. 이 식의 우변을 간단히 $[F(x)]_a^b$ 라고 씁니다.

"왠지 알 것 같은 느낌이 들어. 요컨대 원시함수를 구하면 된단 얘기지."

"봐봐, 역시 $\int x^2 dx = \frac{1}{3}x^3 + C$ 야!"

맞습니다. 그래서 아르키메데스가 고심하여 구한 포물선으로 둘러싸인 부분의 면적도 지금은

$$\int_0^1 x^2 dx = [\frac{1}{3}x^3]_0^1 = \frac{1}{3}$$

과 같은 식으로 고등학생이 간단히 계산할 수 있습니다.

원시함수란 미분하여 원래의 함수가 되는 함수이므로, 미분

과 적분은 서로 역의 연산이 됩니다. $f(x)$의 도함수를 구하는 것을 $f(x)$를 미분한다고 말한 것과 마찬가지로, $f(x)$의 원시함수를 구하는 것을 $f(x)$를 적분한다고 하는 겁니다. 도식으로 하면,

$$\text{도함수} \xleftarrow{\text{미분}} \text{함수} \xleftarrow{\text{미분}} \text{원시함수}$$

$$\text{도함수} \xrightarrow{\text{적분}} \text{함수} \xrightarrow{\text{적분}} \text{원시함수}$$

가 되며 미분이라는 계산과 적분이라는 계산이 서로 거꾸로 되어 있는 것을 알 수 있습니다.

> "이것으로 한 건 낙착, 일동 기립."
>
> "그럼 한 학기 강의를 마치도록 하……는 일은 없습니다."
>
> "네? 아직 할 게 남았어요?"

자, 침착들 하세요. 앉아요, 앉아.

확실히 이 기본 정리만 가지면 적분 계산을 다 할 수 있을 것 같은 생각이 듭니다. 하지만 이 정리에는 여러 가지 문제점이 있습니다. 무슨 문제가 있는지 찬찬히 살펴봅시다.

이 정리에 따르면 적분의 값은 원시함수가 구해지면 간단히 계산할 수 있을 것 같습니다. 하지만 거기에 뭔가 문제점은 없을까요? 이런 의문은 지금까지는 별로 가져본 적이 없을 거라고 생

각합니다.

하지만 모처럼 여기까지 꾹 참으며(정말일까?) 수학 강의를 들어 왔으니까 잠시만 더 생각해봅시다. 잘 보면 이 정리 속에는 생각해야 할 것이 여러 가지가 있다는 것을 알 수 있습니다.

"보여?"

"안 보여!"

"앗, 보여, 보여, 적분 너머로."

이상한 소리 하지 말고, 집중해주세요. 이 정리의 요점은 원시함수가 구해지면 적분 계산을 할 수 있다는 겁니다. 그건 다시 말하면 원시함수가 구해지지 않으면 적분 값을 구할 수 없다, 적어도 이 방법으로는 구할 수 없다는 얘기입니다. 그럼 원시함수는 언제나 구해질까요? 이 질문은 다시 세분화해서 보아야 합니다.

---

(1) 함수 $f(x)$의 원시함수 $F(x)$는 진짜 있는 걸까?
(2) 원시함수가 있다면 그 원시함수를 구할 수는 있을까?

이 두 문제는 닮은 듯하면서도 다릅니다. 수학에서는 '있다'는 것과 '구할 수 있다'는 것은 별개입니다. 보통은 있다면 구해지겠지 하고 생각하겠지만 수학에서는 있어도 구해지지 않는 경우가 있습니다(조금 혀를 깨물 뻔했는데).

예를 들면 각의 삼등분선이 있는 건 틀림없습니다. 그러나 그 삼등분선을 컴퍼스와 자로 그릴 수는 없습니다. 가우스는 일반 n차 방정식에 해가 있다는 것을 대수학의 기본 정리 속에서 증명했습니다. 그러나 $n>5$일 때에는 그 해를 공식의 형태로 구하는 것이 불가능합니다. 이것은 수학자 닐스 아벨(1802~1829)과 에바리스트 갈루아(1811~1832)가 증명했습니다. 그러므로 이 경우에도 우선은 원시함수가 있는지 어떤지, 다음으로 그 원시함수를 구할 수 있는지 어떤지를, 구별해서 검토해야 하는 겁니다.

우선 첫 번째 문제 '원시함수는 정말로 있는가'부터 생각해봅시다. 답을 먼저 말하면,

> $f(x)$가 연속함수라면 그 원시함수는 반드시 존재한다.

입니다.

"뭐야, 결국 있잖아."

"태산명동서일필(泰山鳴動鼠一匹, 태산이 울릴 정도로 요란하더니 막상 보니 겨우 쥐 한마리를 잡았다는 뜻—옮긴이), 아니었어?"

적분 얘기를 계속하겠습니다. $f(x)$가 연속함수, 즉 잘린 틈이 없는 그래프를 그리는 함수라고 합시다. 이 함수에 대해 0부터 x까지의 적분을 생각하면 이 값은 x의 함수가 되므로 이것

을 $F(x)$ 라고 하겠습니다.

$$F(x) = \int_0^x f(t)\,dt$$

입니다. 이 함수는 적분의 상단 b가 정해져 있지 않다는 의미에서, '부정적분'이라고도 합니다. 이 부정적분을 미분해봅시다.

$$F(x+h) - F(x) = \int_0^{x+h} f(t)\,dt - \int_0^x f(t)\,dt$$

$$= \left(\int_0^x f(t)\,dt + \int_x^{x+h} f(t)\,dt \right) - \int_0^x f(t)\,dt$$

$$= \int_x^{x+h} f(t)\,dt$$

$$= hf(c)$$

입니다. 여기서 $x \leq c \leq x + hx$ 입니다. 적분의 가법성과 적분 평균값의 정리를 사용했습니다. 따라서,

$$F'(x) = \lim_{h \to 0} \frac{F(x+h) - F(x)}{h}$$

$$= \lim_{h \to 0} \frac{hf(c)}{h}$$

$$= \lim_{h \to 0} f(c)$$

$$= f(x)$$

가 되는 데서 알 수 있듯이 부정적분을 미분하면 확실히 $f(x)$

가 되며, 따라서 부정적분은 $f(x)$의 원시함수 가운데 하나입니다. 이 식은

$$\left(\int_0^x f(t)dt\right)' = f(x)$$

혹은,

$$\frac{d}{dx}\int_0^x f(t)dt = f(x)$$

라는 것이죠.

주의 : 부정적분의 하단 0은 어떤 값이라도 괜찮으므로, 부정적분을

$$\int f(x)dx + C \quad (C는 \text{ 적분상수})$$

라고도 쓴다.

그런데 이 원시함수는 적분 기호를 포함한 함수로서 이대로는 적분의 실제 계산에 사용할 수 없습니다. 시험 삼아, 함수 $y = e^{x^2}$에 대해서 $x=1$부터 2까지의 적분을 계산해보면,

$$\int_1^2 e^{x^2} dx = F(2) - F(1)$$

$$= \int_0^2 e^{t^2} dt - \int_0^1 e^{t^2} dt$$

$$= \int_1^2 e^{t^2} dt$$

로 되고, 앞의 주의에서 이야기한 대로 우변과 좌변은 같은 것이므로 이것으로는 아무것도 구해지지 않았습니다. 좌변의 값을 구하려면 우변의 값을 구하면 된다, 하면서 다람쥐 쳇바퀴돌기를 하게 됩니다. 결국 원시함수가 존재하는 것은 알 수 있지만 구체적인 계산에는 사용할 수 없는 것입니다. 적분을 계산할 수 있기 위해서는 원시함수를 적분 기호를 포함하지 않는, 계산할 수 있는 함수로서 표시할 수 있어야 합니다.

"뭐야, 도움이 되지 않는다면 가르치지를 말지."
"센야마 선생님의 자기만족이야."

아니, 아니, 단지 자기만족이 아닙니다(그것도 다소 있지만). 수학에서는 구하고자 하는 것이 확실히 '있다'라는 것을 먼저 확인해둘 필요가 있습니다. 이것은 수학이라는 학문이 성립하는 기반이라고 해도 좋겠지요. 글쎄 있지도 않은 걸 구하겠다며 방황한다면 괴롭지 않겠어요?

"앗, 선생님 뭔가 먼 곳을 보는 눈빛이야."

"그저 노안이 심해져서 그런 거 아니야?"

어찌됐건 원시함수가 있다는 건 알았으므로 구체적으로 그 원시함수를 구할 방법을 생각해봅시다.

> (2) 원시함수는 구할 수 있을까?

이것이 다음 문제입니다. 이것도 답을 먼저 말하자면,

> 거의 대부분의 함수의 원시함수는 구해지지 않는다.

라고 말해야 합니다. 조금 더 구체적으로 말하면 다항식 함수나 분수함수의 원시함수는 구할 수 있지만, 무척 깨끗하고 쉬워 보이는 함수, 예를 들면

$$y = e^{x^2}、 y = \frac{e^x}{x}、 y = \frac{\sin x}{x}$$

등의 원시함수는 우리가 알고 있는 함수 중에는 없습니다. 또 근호(根號)를 포함한 무리함수는 근호 속이 1차 분수식이나 2차식으로 될 경우를 제외하고 원시함수를 구할 수 없습니다. 다항식 함수와 분수함수는 원시함수를 구할 수 있다고 하더라도 그런

함수에 지수, 로그, 삼각함수가 아주 살짝 결합되기만 해도 원시함수는 구할 수 없게 됩니다.

"그거 정말이에요?!"

"글쎄 지금까지로 봐서는 어떤 함수라도 적분할 수 있었는데."

"센야마 선생님, 자신이 계산 못하는 건 모두 구할 수 없는 거라고 하는 것 아니에요?"

아닙니다. 이것이 적분과 미분의 큰 차이입니다. 미분의 경우는 다항식, 분수함수와 지수, 로그, 삼각함수를 조합한 함수는 하나하나의 함수의 도함수와 함수의 사칙, 합성의 미분법을 조합시키면, 도함수를 계산할 수 있습니다. 하지만 원시함수의 경우는 그렇지 않습니다. 이것이 적분을 어렵게 합니다. 결국 우리는 가능한 한 많은 함수의 원시함수의 표를 만들어두고 그것을 보면서 원시함수를 구해야 합니다. 원시함수의 표는 도함수의 표를 거꾸로

함수	원시함수
$x^n (n \neq -1)$	$\dfrac{1}{n+1} x^{n+1} + c$
$\dfrac{1}{x}$	$\log|x| + c$
e^x	$e^x + c$
$\sin x$	$-\cos x + c$
$\cos x$	$\sin x + c$

본 겁니다. 그래서 왼쪽 페이지에서는 미분 공부를 할 때 구해놓은 도함수의 표를 거꾸로 하여 써두었습니다.

이 표를 좀 더 정비·확장한 것 속에도 나오지 않는 함수는 적분의 정의로 돌아가 구분구적법으로 적분값을 구해야 합니다.

그럼 고등학교에서는 어째서 적분의 계산이 계속 나왔던 걸까요. 그 이유는 간단합니다. 적분할 수 있는 함수만 골라서 다뤘기 때문입니다. 특히 다항식 함수는 앞의 누군가가 말했듯이,

$$\int x^n = \frac{1}{n+1} x^{n+1} dx + c \quad (n \neq -1)$$

로 구해지므로, 다항식 함수를 다룰 때에는 안심하고 적분의 값을 구할 수 있었습니다.

이렇게 보면 함수를 테일러 전개하는 것의 중요성을 재확인할 수 있습니다. 테일러 전개란 다시 말하지만 함수를 다항식으로 표시할 수 있게 해주는 정리입니다. 다항식이라는 함수는 미분과 적분이라는 계산에 대해 가장 간단하게 행동하는 함수이므로 함수를 테일러 전개할 수 있으면 그것들의 미분이나 적분을 바로 계산할 수 있습니다.

"어허어, 적분에 대해서는 대충 알았는데."

"하지만, 뭐?"

"봐봐, 미분 부분에서 소금물의 농도가 어떠니 저떠니 하는 얘

기를 했었잖아? 불균질소금물의 농도를 어떻게 표현할까가 미분이라고. 그렇다면 적분과 농도는 어떤 관계에 있나 해서."

흐흠, 그럼 마지막으로 농도와 적분의 관계를 얘기하고 이 강의를 끝내겠습니다. 비커를 준비하여 그 속에 소금을 넣되 섞지 않고 불균질한소금물을 만듭니다. 아마도 아래쪽은 굉장히 짜고 위쪽은 거의 맹물이겠죠. 자,

불균질소금물

이 비커 안에 들어 있는 소금물 양을 아래부터 재서 x라고 하고 그 안의 소금 양을 $F(x)$로 합니다. 즉 비커의 밑면부터 소금물이 x그램이 되는 부분까지 들어 있는 소금의 양이 $F(x)$그램입니다.

한 번 더 확인하기 위해 농도에 대한 식을 써보겠습니다.

$$\text{소금물의 농도} = \frac{\text{소금의 양}}{\text{소금물의 양}}$$

분모를 없앤 식으로 하면,

$$\text{소금물의 농도} \times \text{소금물의 양} = \text{소금의 양}$$

입니다. 앞의 식이 미분이고 그 다음 식이 적분입니다. 미분은 나눗셈, 적분은 곱셈. 이것이 미분과 적분이 역의 관계에 있다는 것을 보여주는 전형적인 예입니다.

자, 이제 바닥에서 x그램의 소금물이 있는 부분까지 올라온 다음 거기에서 시작하여 dx그램의 소금물을 재고, 그것을 샬레로 잘라내어 그 안은 균질하다고 생각하고 적분 계산을 적용해 봅시다.

이 샬레 안의 소금의 양은,

$$F(x+dx)-F(x)$$

이고, 샬레 안의 소금물의 양은 dx입니다. 따라서 샬레 안의 소금물의 농도를 $f(x)$로 하면,

$$f(x) = \frac{F(x+dx)-F(x)}{dx}$$

로 됩니다. 이 식이 소금물의 농도 $= \dfrac{\text{소금의 양}}{\text{소금물의 양}}$의 양입니다.

분모를 없애면,

$$F(x+dx) - F(x) = f(x)dx$$

이 식이 소금의 양=소금물의 농도×소금물의 양입니다.

자, 그렇다면 이 비커 안에서 소금물이 a그램이 되는 위치부터 b그램이 되는 위치까지 사이에 있는 소금물 속에는 소금이 얼마나 녹아 있을까요.

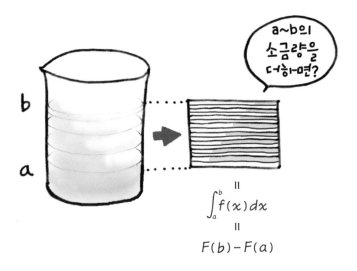

우리는 밑면부터 x그램까지의 소금물 속의 소금의 양을 $F(x)$로 했었으므로 a에서 b사이의 소금의 양은, 바닥에서부터

b그램까지의 소금물 속에 들어 있는 소금의 양 $F(b)$로부터 바닥에서 a그램까지의 소금물에 들어 있는 소금의 양 $F(a)$를 빼면 구할 수 있습니다. 즉,

$$F(b) - F(a)$$

입니다.

한편으로 이 소금의 양은 a부터 b까지 사이를 잘게 잘라낸 얇은 샬레 속에 든 소금의 양을 모두 더하면 구해지므로 이것을 합의 기호로 나타내면,

$$\sum_{x=a}^{b} f(x)dx$$

로 됩니다. 하나의 샬레 속에 들어가는 소금물의 양 dx가 작으면 작을수록, 즉 샬레의 두께를 얇게 만들면 만들수록 그 합은 더욱더 정확해집니다. 그것을 적분 기호로 표시한 것이

$$\int_a^b f(x)dx$$

입니다. 이 양쪽이 같은 소금의 양을 나타내므로,

$$F(b) - F(a) = \int_a^b f(x)dx$$

가 성립합니다. 즉 미분적분학의 기본 정리입니다. 농도 $f(x)$ 가 소금의 양 $F(x)$의 미분이 되고 있는 것에 주의해주세요. 지금의 경우 소금의 양을 표현하는 함수 $F(x)$가 먼저 있고, 그 도함수로서 농도를 나타내는 $f(x)$가 있으므로, 원시함수의 존재는 처음부터 분명했습니다.

　그런데 이 식은 다음과 같이 볼 수도 있습니다.

　a그램부터 b그램까지를 조금씩(<small>dx그램씩</small>) 소금물을 늘려가면서 구별한 점(<small>즉 조금씩 늘려간 x값—옮긴이</small>)을,

$$a = a_0 < a_1 < a_2 < a_3 < \cdots\cdots a_{n-1} < a_n = b$$

로 하면 각각의 샬레 안의 소금물의 농도, 소금의 양, 소금물의 양에 대한 식은,

소금의 양 = 소금물의 농도 × 소금물의 양

즉,

$$F(a_{i+1}) - F(a_i) = f(a_i)dx$$

입니다. 이것을 양변 $i=0$부터 $n-1$까지 더하면 좌변은 순서대로 지워져가고 양쪽 끝만이 남아 우변이 적분의 값이 됩니다.

따라서,

$$F(b) - F(a) = \int_a^b f(x)\,dx$$

이것이 소금물의 농도를 가지고 관찰한 미분적분학의 의미입니다. 좌변은 요컨대 구분구적인데, 지금의 경우는 처음부터 소금의 양을 나타내는 함수 $F(x)$를 알고 있으므로 합을 취하는 조작이 서로 옆에 있는 항을 지워가는 형태로 나타난 겁니다.

> "으—음, 뭔가 안 것 같기도 하고 아닌 것 같기도 한."
> "하지만 섞지 않은 소금물의 농도가 미분적분학으로 이어지다니 생각도 못했어. 제법 재미있지 않았어?"
> "그럭저럭. 이것으로 점수만 준다면……."
> "또 그 소리."

여러분, 수고 많았습니다. 이것으로 올해 1학기 수학 강의를 마치겠습니다. 수와 무한 이야기, 함수 이야기, 미분적분학 이야기, 이 세 가지를 한꺼번에!

수가 우리가 사는 세계의 다양한 측면을 표현하고 있다는 것, 특히 손으로 만질 수 없는 추상적 개념도 수로 표현할 수 있다는 것을 알았을 겁니다. 수는 그 자체로는 이 세계에 실물로 존재하지 않지만 이 세계를 알기 위해서는 없어서는 안 될 중요한 것입니다.

그 수를 사용하면 여러 가지 양이 맺는 상호관계의 특성을 '함수'라는 개념으로 파악할 수가 있습니다. 함수는 현대 수학에서는 '사상(寫像)'이라는 개념으로 확장되었는데, 이를 통하여 자연계의 다양한 현상을 수학적으로 표현할 수 있게 되었습니다. 그러므로 함수를 분석하면 현상을 분석하고 미래를 예측하는 데 도움을 받을 수 있습니다.

그러나 우리가 구체적으로 그 값을 알 수 있는 함수는 한정되어 있습니다. 함수의 값을 구하기 위한 방법의 하나가 미분이었습니다.

미분이란 어떤 함수라도(미분할 수 있다면) 국소적으로는 정비례 함수로 간주할 수 있다는 생각 위에 세워진 수학입니다. 이것을 사용하면 여러 가지 함수의 행동방식을 알 수가 있습니다. 그리고 좀 더 중요한 것은 미분학을 사용하면 많은 함수를 다항식(무한급수)으로 나타낼 수 있다는 사실입니다. 특히 함수와 복소수 변수가 결합되면서 함수의 세계는 비약적으로 넓어졌습니다.

마지막으로 적분입니다. 미분적분학의 정리에 의해 미분과 적분의 관계가 밝혀지고 고등학생이라도 쉽게 적분값을 구할 수 있게 되었습니다. 기본 정리에 따른 미분과 적분의 관계는 거슬러 올라가면 초등학생이 배우는 곱셈과 나눗셈의 관계가 됩니다. 산수가 다양한 분야의 중요한 기초가 된다는 것을 알았을 겁니다.

이 강의에서는 계산 연습은 거의 하지 않았습니다. 그것은 여러분의 자발적인 학습에 맡기겠습니다.

"이제 시험만 없다면, 정말 좋은 강의인데."

414213562373095048...7040

87 2 4 2 0 9 6 9 8 0 7 8 5 6 9 6 7 1 8 7 5 3 7 9 4 8 0 7 3 1 7 6 6 7 9 7 3 7 9 9 0 7 3

O 3 8 8 5 0 3 8 7 5 3 4 3

5장

선형대수 :
정비례 함수도 성장한다

"감이 오냐고 물으셨나요?"
"응. 멍해졌을 뿐이야. 감과 멍은 큰 차이인데."
"하지만, 행렬식은 다항식인데,
왜 가로 1열로 쓰지 않고, 종횡으로 나누어 쓰는 걸까."

정비례 함수, 한 번 더!

이전에 함수에 대해 강의했을 때 정비례 함수 이야기를 했습니다. 정비례 함수란 식으로 말하면,

$$y = ax$$

로 나타내는 함수로, a는 비례상수입니다. 정비례 함수의 특징은 x가 두 배, 세 배가 되면 y도 두 배, 세 배가 된다는 것이며, 함수 그래프는 원점을 통과하는 직선이 됩니다. 이 함수는 초등학교, 중학교에서 배우는 가장 중요한 함수 중 하나이며, 여러분은 여러

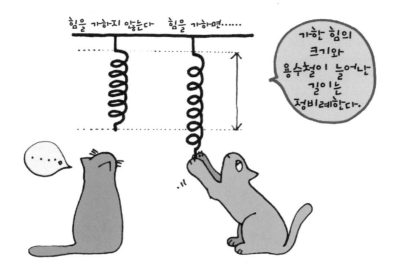

가지 각도에서 이 함수의 성질을 살펴보았을 겁니다.

표를 만들어보는 것도 그 중 하나였습니다. 표를 만들면 x가 두 배, 세 배가 될 때 y도 두 배, 세 배가 된다는 것과 x와 y의 비가 일정하다는 것을 알 수 있습니다. 이 일정한 값이 정비례 함수의 비례상수입니다.

정비례의 구체적인 예를 들면, 일정한 속도로 걷는 사람의 걸은 시간과 이동거리, 일정한 양의 물을 수조에 계속 넣을 때 물을 넣는 시간과 수조에 찬 물의 양 등을 들 수 있었습니다. 물을 가열할 때 가열하는 시간과 물의 온도도 일정한 범위 내에서는 정비례가 되는 것 같습니다. 물리 시간에 배우는, 이것도 일정한 범위 내에서지만, 용수철이 늘어나는 정도와 추의 무게도 정비례합니다. 이것을 '훅의 법칙'이라고 합니다.

중학생이 되면 정비례 함수는 1차 함수 $y = ax + b$로 진화합니다. 이번에는 x와 y의 비가 일정하게 되지는 않았지만, x와 y의 변화량의 비는 일정했습니다. 즉 1차 함수란 변화량이 정비례하는 함수라는 겁니다.

그런데 정비례 함수는 미분과 깊게 결합되어 있다는 점에서 중요합니다. 조금 요약해서 말하자면,

> 함수 $y=f(x)$가 있을 때, $x=a$의 근처에서
> 새로운 정비례 함수 $dy=f'(a)dx$를 만드는 조작이 미분이다.
> dx, dy는 미분이라는 이름의 변수이다.

로 됩니다. 정비례 함수를 만드는 이유는 정비례 함수가 행동방식을 간단히 파악할 수 있는 함수이기 때문입니다. 예를 들어 $y = f(x) = x^2 - \dfrac{1}{x}$ 일 때,

$$f'(x) = 2x + \dfrac{1}{x^2}$$

이므로 $x = 1$에서의 미분계수는 $f'(1) = 3$이 되며, $x = 1$에서의 함수 $y = f(x) = x^2 - \dfrac{1}{x}$의 미분은,

$$dy = 3\,dx$$

입니다. 이것이 함수 $y = f(x) = x^2 - \dfrac{1}{x}$가 $x = 1$의 근처에서 보여주는 정비례 함수입니다. 이 함수는 변화의 상태를 나타냅니다. 즉 이 부근에서는 이 함수는 x가 변화하는 양의 세 배만큼 변화한다는 겁니다. 중요한 것은 이 정비례 함수 $dy = 3\,dx$는 어디까지나 $y = f(x) = x^2 - \dfrac{1}{x}$이 $x = 1$ 가까이에서 보여주는 상태만 나타낸다는 겁니다. 함수 전체의 변화가 정비례로 나타난다면 그것은 원래의 함수가 정비례 함수라는 것에 다름 아니지요. 그러므로 미분을 사용할 때는 x의 어느 구간에서 사용하는지가 무척 중요합니다. 아주 미세한 구간이라 할지라도 변화를 정비례 함수로 표현할 수 있다는 것은 무척 도움이 됩니다.

현실의 세계에는 정비례하는 관계가 많이 있지만 구체적으로

들어가보면 그 비례하는 방식이 단순하지만은 않은 경우가 있습니다. 그 중 하나가 복비례입니다.

> "노력과 성적은 정비례하지만, 단순한 정비례가 아니라 조금 더 여러 가지 것이 고려된다는 거군."
>
> "노력보다 머리?"
>
> "희망을 버리지 마."

복비례

택배요금은 배달할 물건의 무게에 비례해서 비싸지지만, 배달하는 거리에 비례해서도 비싸질 겁니다. 그래서 1킬로그램의 물건을 1킬로미터 나를 때의 요금을 a원이라고 하면 x킬로그램의 물건을 y킬로미터 나를 때의 요금 z원은,

$$z = axy$$

가 됩니다. 이 경우에 배달 요금은 무게가 일정하다면 거리에 비례해 비싸지고 같은 거리라면 무게에 비례해 비싸집니다. 이와 같이 두 개의 양 x, y에 비례하여 결정되는 양 z를 x, y에 복비례한다고 합니다. 복비례하는 양 중 가장 전형적이면서도 우리 주변에서 흔히 볼 수 있는 것은 무엇일까요?

"성적은 행운과 테스트의 점수에 복비례한다, 인가."

아무래도 기말 시험에 대한 생각이 머리에서 떠나지 않는 모양이군요. 뭐, 학생이니까 어쩔 수 없겠죠. 하지만 공부는 시험을 위해서 하는 게 아닙니다.

뭐, 그건 그렇다 치고, 여러분이 초등학교 때 배운 직각사각형의 면적, 직각사각형의 면적 = 세로 × 가로는 전형적인 복비례입니다. 직각사각형은 세로의 길이가 일정할 경우에 가로의 길이가 두 배, 세 배가 되면, 면적도 두 배, 세 배가 됩니다. 가로가 일정할 경우, 세로가 두 배, 세 배가 되면, 역시 면적도 두 배, 세 배가 됩니다. 이처럼 직사각형의 면적은 세로, 가로로 이중으로 비례하는 양, 즉 종횡으로 복비례하는 양입니다.

면적이 세로, 가로에 복비례한다는 것에서부터 서로 닮은 도형의 면적비는 그 닮음비의 2제곱이 된다는 것도 알 수 있습니다.

그 밖에 전압 = 전류 × 저항 등의 식도 복비례 식으로 볼 수 있습니다. 즉 같은 전류를 흘리고자 할 때 저항이 두 배가 되면 필요한 전압도 두 배가 되고, 저항이 일정하다면 전압은 흐르는 전류에 비례해 높아진다는 겁니다.

복비례 함수는 정비례 함수가 확장된 것 중 하나로, 수학적으로는 n차의 복비례 함수

$$y = a x_1 x_2 \cdots \cdots x_n$$

으로 확장할 수 있습니다. 또 $y = 2x^2$이라는 함수는 제곱비례 함수라고 불리는 일이 있었는데, 이것은 x와 x에 복비례하는 것이라고 생각할 수도 있습니다. 비례상수는 2이고요. x를 2배로 하면 한 쪽의 x에서 2배, 또 다른 쪽의 x에서도 2배가 되어, 전체로는 4배가 되는 셈입니다.

그런데 두 개의 변수에 비례하는 함수는 복비례만이 아닙니다. 변수가 2차원량인 정비례 함수를 생각하는 것이 무척 중요해지고 있습니다. 이 다변수의 정비례 함수에 관한 이론을 '선형대수'라고 합니다.

정비례하는 2차원의 양

여러분은 과자를 직접 만들어본 적이 있나요? 예전에 가르치던 한 학생은 과자를 만드는 것이 취미라서 무슨 일이 있으면 여러 가지 과자를 직접 만들어가지고 왔었습니다.

"왠지 선생님 넋을 잃은 것 같아."

"또 누군가 과자를 가지고 와줬으면, 하고 생각하는 거 아닐까."

"그거 달콤하군."

"……."

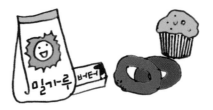

과자를 만들 때 들어가는 재료는 많이 있지만 지금은 그 중에서 밀가루와 버터만 생각하겠습니다. 과자 A를 한 개 만드는 데 밀가루는 a그램, 버터는 c그램 필요합니다. 또 다른 과자 B를 한 개 만드는 데 밀가루는 b그램, 버터는 d그램이 필요하다고 합시다. 이때 과자 A를 x_1개, B를 x_2개 만드는 데 필요한 밀가루와 버터의 양은 얼마나 될까요?

과자 A를 x_1개 만드는 데 필요한 밀가루는 ax_1그램, 과자 B를 x_2개 만드는 데 필요한 밀가루는 bx_2그램이므로 전체적으로

필요한 밀가루의 양 y_1은,

$$y_1 = ax_1 + bx_2$$

입니다.

　마찬가지로 필요한 버터의 양 y_2는,

$$y_2 = cx_1 + dx_2$$

로 나타낼 수 있습니다. 이것은 필요한 밀가루와 버터의 양 y_1, y_2가 과자 *A*, *B*의 개수 x_1, x_2에 정비례하고 있는 상황이라고 생각할 수 있겠지요. 정비례 함수의 다차원화입니다.

　이와 같이 여러 개의 양을 묶어서 사용하는 것을 '벡터'라고 하며 벡터를,

$$X = \begin{pmatrix} x_1 \\ x_2 \end{pmatrix}$$

로 표시합니다. 일반적으로 *n*개의 수를 세로로 늘어놓은 것을 *n* 차원의 벡터라고 하며,

$$X = \begin{pmatrix} x_1 \\ x_2 \\ \vdots \\ x_n \end{pmatrix}$$

으로 씁니다. 각각의 x_i를 벡터의 성분이라고 합니다.

여기서는 주로 2차원의 경우를 생각해보겠습니다. 자, 필요한 밀가루와 버터의 양도 2차원의 벡터로 표시하여,

$$Y = \begin{pmatrix} y_1 \\ y_2 \end{pmatrix}$$

로 합니다. 2차원량 Y가 2차원량 X에 정비례한다고 했을 때 '비례상수'는 어떻게 표시하면 좋을까요. 지금까지 다뤄온 보통 정비례의 경우를 참고하여 2차원 정비례 함수의 '비례상수'를 정해봅시다.

"참고하라니, 어떻게 참고하면 되는 거예요? $y=ax$의 a가 비례상수인데."

바로 그 지점입니다. 그거예요.

"선생님, 어디 가려우세요? 효자손으로 긁어드릴까요?"

바로 그 비례상수 얘깁니다. 비례상수란 뭐였나 생각해봅시다. 일정한 속도, 예를 들어 시속 4킬로미터로 걷는 사람이 x시

간에 이동한 거리 y를 생각해봅시다. 이 경우 이동거리 y는 시간 x에 정비례하고 있으며 함수는 $y = 4x$입니다. 여기서 4가 비례상수인데 이 4는……

> "알았어요. 4라는 건 시속 4킬로미터의 4예요. 그건 1시간당 이동거리예요."

그렇습니다. 시속 4킬로미터라고 하면 1시간당 이동거리, 또 금의 밀도가 19.3이라고 하면 그건 1세제곱센티미터당 금이 19.3 그램이라는 얘깁니다. 이 경우에 비례상수는 단위시간당 거리, 또는 단위체적당 무게가 됩니다. 더 일반적으로 말하자면, x가 단위값 $x = 1$일 때의 y의 값이 비례상수(a)가 된다는 겁니다. 여기에 주의하여 2차원 정비례를 생각해봅시다. 1차원 정비례에서 단위값 $x = 1$에 해당하는 것은 이 경우는 뭘까요?

과자 A를 1개 만들고, 과자 B를 1개도 만들지 않는다, 혹은 거꾸로 A는 1개도 만들지 않고, 과자 B를 1개 만든다는 것이 2차원 정비례의 단위가 됩니다. 이것을 벡터

$$e_1 = \begin{pmatrix} 1 \\ 0 \end{pmatrix} \quad e_2 = \begin{pmatrix} 0 \\ 1 \end{pmatrix}$$

로 표시합니다. 2차원량이므로 단위가 e_1, e_2 두 개로 된다는 것에 주의해주세요. 왜,

$$e = \begin{pmatrix} 1 \\ 1 \end{pmatrix}$$

을 단위로 하지 않는 걸까요? 이거라면 1개로 끝날 것 같은데요.

> "으—응, 이렇게 하면 단위의 2배, 3배는 나타낼 수 있지만 과
> 자를 만드는 개수가 A와 B가 서로 다르면 나타내지 못하는 것
> 아닐까요?"

그렇습니다. 과자 A를 x_1개, B를 x_2개라고 하면 아무래도 단위가 2개 필요하지요.

자, 이 두 개의 단위 각각에 대응하는 Y의 값, 즉 밀가루와 버터의 양은,

$$Y_1 = \begin{pmatrix} a \\ c \end{pmatrix} \quad Y_2 = \begin{pmatrix} b \\ d \end{pmatrix}$$

이었습니다. 이것이 1차원의 정비례에서의 비례상수 a에 해당되는 것인데 이 두 개의 벡터를 합쳐서 늘어놓은 것,

$$A = \begin{pmatrix} a & b \\ c & d \end{pmatrix}$$

를 '행렬'이라고 합니다. 지금의 경우는 딱 2×2의 정사각형 형태를 하고 있으므로 2차 정사각형 행렬이라고 합니다. 이 행렬

A가 2차원의 비례상수가 되는 겁니다.

"선생님, 그건 행렬이 아니라 정렬이고요. 행렬이라는 건 나카시마 미유키(일본 뮤지션-옮긴이)의 콘서트 티켓 파는 데 가서 한 줄로 줄서는 걸 말하는 거 아녜요?"

"초등학교 때 조회 설 때 운동장에 나가 종횡으로 줄을 맞춰 섰는데 그때에 선생님이 정렬! 하고 구호를 외쳤어요. 행렬이 아니라요."

나카시마 미유키라. 자네 보는 눈이 꽤 괜찮군. 난 아사카와 마키(일본 뮤지션-옮긴이)도 좋아하는데. 아니, 내가 지금 무슨 소리를 하는 거지?

음, 일상 언어에서와는 달리 수학에서는 종횡으로 늘어놓은 수를 행렬이라고 합니다. 옆으로 늘어져 있는 것이 행이고 길이로 늘어져 있는 것이 열입니다. 합쳐서 행렬.

이것을 수식에 사용하기 위해서는 벡터나 행렬의 계산 규칙을 정확히 정해놓을 필요가 있습니다. 그기 위해서 한 번 더 정비례의 성질을 조사해봅시다.

　　　"앗, 선생님이 잘하는 고향 방문이다!"

　　힐끗.

　　　　　"……"

정비례한다는 것

전에도 설명했듯이 초등학교에서는 정비례를 다음과 같이 설명합니다.

> 더불어 변하는 두 개의 양으로 한쪽 편을 두 배, 세 배 하면
> 다른 한 편도 두 배, 세 배로 되는 관계

이것을 함수 기호를 써서 나타내면 $y=f(x)$가 정비례라는 건,

$$f(nx) = nf(x)$$

가 성립되는 함수라는 얘기가 됩니다. 여기서 초등학교에서는 n은 $n=2, 3, \cdots$일 때를 생각했는데 중학생이 되면 정수배가 아니라도 괜찮으므로 n은 임의의 실수가 됩니다. 실수를 n이라고 쓰면 약간 어색하니까 k로 나타내면 정비례함수는,

$$f(kx) = kf(x)$$

라는 성질을 지닌 함수라고 할 수 있습니다.

실제로 $y=f(x)$가 1변수의 연속함수라면 모든 실수 k에 대해 이 식을 만족시키는 함수는 정비례 함수밖에 없습니다. 증명도 간단합니다. $y=f(x)$가 이 성질, 즉 선형성을 갖는다면, $x=x\times1$에서 x가 1을 x배 한 양이라고 간주했을 때,

$$f(x) = f(x \times 1) = xf(1) = f(1)x$$

($f(kx)=kf(x)$이다.—옮긴이)

로 되고, $f(1)$은 상수이므로 이것을 a라고 하면,

$$f(x) = ax$$

로, 확실히 정비례 함수가 됩니다. 이때…….

"앗, 비례상수가 $f(1)$이야."

그렇습니다. 확실히 비례상수 a는 $f(1)$, 즉 x가 1일 때의 함수값이 된다는 것도 알 수 있습니다.

그런데 2변수 이상의 정비례에서는 이 식만으로는 아쉽게도 정비례를 특징지을 수가 없습니다. 그 때문에 정비례 함수가 지닌 또 하나의 특징에 관심을 갖게 됩니다.

1변수의 정비례 함수를 $f(x) = ax$이라고 하면,

$$f(x_1 + x_2) = a(x_1 + x_2)$$
$$= ax_1 + ax_2$$
$$= f(x_1) + f(x_2)$$

로 되어, 정비례 함수에 대하여,

$$f(x_1 + x_2) = f(x_1) + f(x_2)$$

가 성립합니다. 이것은 중학생 때에 배운 정비례 표를 가로로 보는 것에 다름 아닙니다. 이전의 함수 $y=3x$의 표에서 확인해봐 주세요.

x	1	2	3	4	5	....
y	3	6	9	12	15	....

표를 바라보고 있으면, $x=2$, $x=3$일 때의 y의 값을 더하면 $x=5$일 때의 y의 값이 되는 것을 알 수 있습니다. 이러한 성질을 끄집어낸 것이 함수의 선형성입니다.

선형사상

함수 $y = f(x)$가

(1) $f(x_1 + x_2) = f(x_1) + f(x_2)$
(2) $f(kx) = kf(x)$

라는 성질을 가질 때, 이 함수를 선형사상이라고 한다.

1변수의 선형사상이 바로 정비례 함수입니다. 이것을 2변수로 확장하고자 하는 것이 이 강의의 목표입니다. 사실을 말하면 정비례 함수란 1변수의 선형사상이었습니다. 조금 수학적으로 말하면 선형성을 갖는 1변수의 함수가 정비례 함수가 되는 것을 증명하는 것이 중요하고, 실제로 그 증명은 위에서 표시한대로 간단하게 할 수 있었습니다. 그럼 선형성을 기초로 드디어 2변수 함수의 정비례란 어떤 것인지 알아보기로 합시다. 그러기 위해서는 조금 준비가 필요합니다.

선형사상

선형사상이라는 것은 다른 말로 하면 합을 합으로 옮긴다는 겁니다. 즉 더한 것을 f로 옮긴 결과는 f에서 옮긴 결과를 더하면 된다고 하는 것입니다. 그러므로 선형성을 문제 삼을 때에는 우선 '덧셈'이 정의되어 있어야 합니다. 그러니 먼저 벡터의 덧셈과 정수배를 정의해둡시다. 두 개의 벡터,

$$X = \begin{pmatrix} x_1 \\ x_2 \end{pmatrix} \quad Y = \begin{pmatrix} y_1 \\ y_2 \end{pmatrix}$$

에 대해서 그 합을

$$X + Y = \begin{pmatrix} x_1 + y_1 \\ x_2 + y_2 \end{pmatrix}$$

로 정합니다. 요컨대 두 개의 성분을 각각 더하면 되는 겁니다. 또 벡터의 상수배는,

$$aX = \begin{pmatrix} ax_1 \\ ax_2 \end{pmatrix}$$

로 합니다.

이 두 개의 연산에서 벡터끼리는 더하거나 빼거나 할 수 있게 됩니다.

예를 들어 과자 A를 3개, 과자 B를 2개 만들 때의 개수를 나타내는 벡터는

$$X = \begin{pmatrix} 3 \\ 2 \end{pmatrix}$$

인데, 이것을 덧셈과 정수배를 사용하여,

$$X = \begin{pmatrix} 3 \\ 2 \end{pmatrix}$$
$$= \begin{pmatrix} 3 \\ 0 \end{pmatrix} + \begin{pmatrix} 0 \\ 2 \end{pmatrix}$$
$$= 3\begin{pmatrix} 1 \\ 0 \end{pmatrix} + 2\begin{pmatrix} 0 \\ 1 \end{pmatrix}$$

로 나타낼 수 있습니다.

일반적으로 과자 A, B를 각각 x_1개, x_2개 만들 때의 벡터를

$$X = \begin{pmatrix} x_1 \\ x_2 \end{pmatrix}$$

로 하면,

$$X = \begin{pmatrix} x_1 \\ x_2 \end{pmatrix}$$

$$= x_1 \begin{pmatrix} 1 \\ 0 \end{pmatrix} + x_2 \begin{pmatrix} 0 \\ 1 \end{pmatrix}$$

로 나타내는 것도 알 수 있겠지요.

　　"과—연. 과자 벡터가 2차원의 양이니까 두 개의 단위를 써서
　　나타낼 수 있는 거야."
　　"그래서 사용하는 밀가루와 버터의 양은 이 X에 정비례한다는
　　건데, 어떤 느낌이 될까."
　　"봐봐, 센야마 선생님, 설명하고 싶어서 근질근질하신 것 같아."

오래간만이므로 이 뒤가 어떻게 되는지 누가 설명해볼래요?

　　"에엑, 웁스."

　벡터 X를 벡터 Y에 대응시키는 선형사상을 $Y = f(X)$라고 합
시다. X는 과자의 개수를 나타내는 벡터이고 Y는 사용할 밀가루
와 버터의 양을 나타내는 벡터입니다. 쓰는 것이 귀찮으므로 과
자 A와 B의 단위를 각각

$$e_1 = \begin{pmatrix} 1 \\ 0 \end{pmatrix} \quad e_2 = \begin{pmatrix} 0 \\ 1 \end{pmatrix}$$

로 해둡니다. 그러면 앞에서 정리한 데로부터,

$$X = \begin{pmatrix} x_1 \\ x_2 \end{pmatrix} = x_1 e_1 + x_2 e_2$$

라고 쓸 수 있습니다. 그러므로 선형성이라는 성질을 사용하면,

$$\begin{aligned} Y &= f(X) \\ &= f(x_1 e_1 + x_2 e_2) \\ &= x_1 f(e_1) + x_2 f(e_2) \end{aligned}$$

로 되는데, 미리 단위가 갈 곳은 결정되어 있었습니다. 그것은

$$f(e_1) = f\left(\begin{pmatrix} 1 \\ 0 \end{pmatrix}\right) = \begin{pmatrix} a \\ c \end{pmatrix}$$

$$f(e_2) = f\left(\begin{pmatrix} 0 \\ 1 \end{pmatrix}\right) = \begin{pmatrix} b \\ d \end{pmatrix}$$

즉, 과자 A, B를 각각 한 개씩 만드는 데 필요한 밀가루와 버터의 양을 표현하는 벡터입니다.

그러므로 이 식은,

$$\begin{aligned} Y &= f(X) \\ &= f(x_1 e_1 + x_2 e_2) \\ &= x_1 f(e_1) + x_2 f(e_2) \\ &= x_1 \begin{pmatrix} a \\ c \end{pmatrix} + x_2 \begin{pmatrix} b \\ d \end{pmatrix} \end{aligned}$$

$$= \begin{pmatrix} ax_1 \\ cx_1 \end{pmatrix} + \begin{pmatrix} bx_2 \\ dx_2 \end{pmatrix}$$

$$= \begin{pmatrix} ax_1 + bx_2 \\ cx_1 + dx_2 \end{pmatrix}$$

입니다.

"굉장해! 어느새 그런 공부를 했었어!"

"이건 말이지, 유능한 매는 발톱을 숨긴다,

이거지. 후후후."

아니 거 참, 매의 발톱이든 어떻든 훌륭합니다. 결국 선형성을
사용하여 계산하면, $Y = f(X)$는

$$\begin{pmatrix} y_1 \\ y_2 \end{pmatrix} = \begin{pmatrix} ax_1 + bx_2 \\ cx_1 + dx_2 \end{pmatrix}$$

로 쓸 수 있군요. 성분을 비교해보면

$$y_1 = ax_1 + bx_2 \quad y_2 = cx_1 + dx_2$$

라는 식이 됩니다. 이것은 이미 앞에서 본 식입니다.

그런데 수학은 이 식을 다음과 같이 쓴다고 약속했습니다.

$$\begin{pmatrix} y_1 \\ y_2 \end{pmatrix} = \begin{pmatrix} a & b \\ c & d \end{pmatrix} \begin{pmatrix} x_1 \\ x_2 \end{pmatrix}$$

우변은 행렬과 벡터의 곱인데, 행렬은 행으로 나눠, 제1행과 벡터의 성분을 곱해서 더한 것을 새로운 벡터의 제1성분으로 하며, 다음으로 제2행과 벡터의 성분을 곱해서 더한 것을 새로운 벡터의 제2성분으로 하는 겁니다.

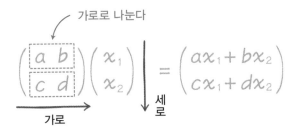

여기에 나온 행렬

$$\begin{pmatrix} a & b \\ c & d \end{pmatrix}$$

가 바로 2변수 함수의 정비례 비례상수입니다. 이 행렬을 A라고 쓰기로 하면, 정비례함수는

$$Y = AX$$

로 1변수와 완전히 같은 형식으로 쓸 수 있게 됩니다. 한 번 읽어 봅시다. 자, 자네.

"에ㅡ, 와이 이퀄 에이 엑스 입니까?"

$y = ax$ 였다면 보통의 정비례 함수겠죠.

"그럼, 선생님이 읽어봐주세요."

사람들은 흔히 "라지 와이 이퀄 라지 에이엑스"라고 읽는 것 같은데, 대문자를 '라지'라고 읽는 것은 외국 사람에게는 통하지 않는 모양입니다. 뭐, 어찌됐건, 대문자와 소문자를 구별하지 않으면 이것은 아까 자네가 읽었듯이 "와이 이퀄 에이엑스"라고 읽을 수밖에 없어요. 그렇게 하면 귀로 듣는 한 보통의 정비례 함수와 구별이 안 되지요. 여기에서 수학이라는 학문이 갖고 있는 하나의 중요한 관점이 등장합니다.

그게 뭐냐 하면, 수학은 형식을 소중히 여기는 학문이라는 겁니다. 그래서 읽어서 같다, 즉 형식상 구별할 수 없다면 똑같이 취급할 수 있다고 보는 겁니다. 이리하여 우리는 다차원량의 정비례함수 "와이 이퀄 에이엑스"에 도달하였습니다.

실제는 $Y = AX$는 $y = ax$가 아니라,

$$\begin{pmatrix} y_1 \\ y_2 \end{pmatrix} = \begin{pmatrix} a & b \\ c & d \end{pmatrix} \begin{pmatrix} x_1 \\ x_2 \end{pmatrix}$$

을 의미하며 X, Y는 수가 아니라 벡터이고, A는 행렬이라는 새로운 대상입니다. 그러나 이 기호와 연산에 의해 정비례가 2차원으로 훌륭하게 확장될 수 있었습니다. 이 이론은 여기서 더 확장되어 나아가서 n차원량을 m차원량에 대응시키는 정비례 함수도 마찬가지로 벡터와 행렬을 사용하여 나타낼 수 있습니다. 이것이 '선형대수학'이라고 불리는 수학 분야입니다. 여기서 형식적으로 같다는 것이 얼마만큼의 위력을 지니는지 조금 더 보겠습니다.

연립방정식과 행렬

자, 자네, 2차 방정식의 해의 공식, 말해보세요.

"에―, 그런 거, 예순 살이 됐지만 한 번도 사용한 적이 없다고,
누군가가 말했었는데요."

바보 같은 소리하지 말고. 2차 방정식의 해의 공식을 배우는 목
적은 장보기에 사용한다든가 하는 게 아니에요. 장보는 데 한 번도
사용하지 않았을지 모르지만, 고전을 읽고 감동한 적 있죠? 마찬
가지로 2차 방정식의 해를 공부하는 것은 수학의 기초체력을 만들
기 위해서예요. 그것을 장보기에서 사용할 일이 없기 때문에 공부
하지 않아도 된다고 말하는 건 배운다는 것의 의미를 모른다는 얘
기와 같습니다.

"저어, ax^2+bx+c의 해는

$$x = \frac{-b\pm\sqrt{b^2-4ac}}{2a}$$

입니다.

그렇습니다. 이 공식은 우리 생활의 가장 기초적인 곳을 지탱해 주는 소중한 공식입니다. 그럼, 자네, 1차 방정식의 해의 공식을 말해보세요.

> "그런 거, 안 배웠는데요."
> "2차 방정식의 해의 공식이라면 배웠지만 1차 방정식의 해의 공식이라니……. 그런 건 들은 적 없어요."
> "앗, 이것도 속임수의 일종인가?"

하하, 속임수는 아니지만 확실히 조금은 짓궂은 질문입니다. 1차 방정식은 $ax=b$ 라고 쓸 수 있으므로 양변을 a로 나누면,

$$x = \frac{b}{a}$$

가 풀이의 공식입니다. 보통은 이런 공식은 사용하지 않지만 훌륭한 공식인 것은 분명합니다.

그런데 이렇게 생각했을 때 1차 방정식은 정비례함수 $y=ax$에서 $y=b$일 때 x의 값이 뭔지를 구하는 것이라고 볼 수 있습니다. 2차원의 정비례에서도 Y가 특정의 값,

$$B = \begin{pmatrix} b_1 \\ b_2 \end{pmatrix}$$

로 될 때, *AX*=*B*로 되는 *X*의 값을 구하라, 하는 문제라고 생각할
수 있습니다. 다차원의 1차 방정식이죠. 이 정체는······.

"정체라고 해봤자, 에이, 뭐야,

가면을 벗어라!······. 앗 그렇구나."

그렇습니다. 가면을 벗으면 되는 겁니다.

실제로 *AX*=*B*를 정확하게 내용을 명시해서 쓰
면,

$$\begin{pmatrix} a & b \\ c & d \end{pmatrix} \begin{pmatrix} x_1 \\ x_2 \end{pmatrix} = \begin{pmatrix} b_1 \\ b_2 \end{pmatrix}$$

인데, 이 식은 행렬의 곱셈의 규칙을 써서 고쳐 쓰면,

$$\begin{cases} ax_1 + bx_2 = b_1 \\ cx_1 + dx_2 = b_2 \end{cases}$$

입니다. x_1, x_2라는 기호가 번거로울지 몰라서, 여기에서만 x, y
라는 기호로 고쳐 쓰면,

$$\begin{cases} ax + by = b_1 \\ cx + dy = b_2 \end{cases}$$

입니다.

즉 행렬과 벡터라는 기호를 쓴 '1차 방정식' $AX=B$는 연립 1차 방정식을 나타내는 겁니다.

이 연립 1차 방정식을 행렬과 벡터라는 기호로 나타내면, 보통의 1차 방정식 $ax=b$와 같은 형식이 된다는 사실을 한 번 더 주목해주세요. 보통의 1차 방정식이라면 양변을 'a'로 나누면 풀 수 있습니다. 따라서 방정식 $AX=B$도 양변을 'A로 나누면' 풀 수 있습니다.

> "선생님! 알았어요. 양변을 A로 나누어 $X=\dfrac{B}{A}$ 가 연립 1차 방정식의 답입니다. X는 몇 개지?"
>
> "도대체 말이야, A로 나누다니 어떻게?"
>
> "A로 나눈다는 건……."

하하하, 상당히 곤혹스럽지요. A로 나눌 수만 있다면 좋겠는데 A는 숫자가 아니라 행렬이라는 내부구조를 지닌 수학적인 대상이므로 나눈다는 것의 의미가 확실하지 않습니다. 자, 행렬로 나눈다는 것이 뭔지 이해하기 위하여 먼저 수로 나눈다는 것이 뭔지부터 생각해봅시다.

역수와 나눗셈

$(a+b)\times c=?$

초등학교 때부터 우리는 많은 계산을 배웠습니다. 초등학교에서는 유리수의 사칙계산, 덧셈, 뺄셈, 곱셈, 나눗셈을 공부했고, 중학교에 와서는 문자식의 계산이라는, 수학에서는 아주 혁명적인 계산을 배웠습니다. 고등학교에서는 미분적분학이라는 계산을 배우는데, 이것도 어떤 의미에서는 초등학교 때 배운 사칙계산의 연장선상에 있는 계산입니다.

그런데 초등학생에게는 나눗셈이 무엇보다도 어려운 계산입니다. 필산으로 나눗셈을 계산하면 거기에는 뺄셈이나 곱셈 등이 자연히 나오게 되니, 결국 나눗셈은 초등학교 계산의 집대성이라는 의미도 있는 겁니다. 그런 점에서 전자계산기가 아니라 종이와 연필을 이용하여 계산해보는 것은 무척 의미 있는 일입니다. 어쨌든 초등학생에게는 무척 어려웠던 나눗셈이지만 우리는 별 어려움 없이 나눗셈을 할 줄 압니다.

"초등학생만이 아니에요. 대학생도 분수의 나눗셈은 할 수 있지만 왜 그렇게 해야 하는지 모르는 사람이 제법 많지 않을까요?"

"왜 그래야 하냐고 물었더니 그냥 거꾸로 뒤집어서 곱하면 된다며 옛날에 언니가 화를 냈었어요."

　그렇지요. 확실히 나눗셈은 어렵습니다. 나눗셈에는 1단위에 상응하는 양을 구한다고 하는 중요한 역할이 있습니다. 즉 1단위마다 할당되는 양이 얼마나 되는지 구하는 계산입니다. 과자를 다섯 명이 나눴습니다, 등등의 문제도 잘 생각하면, 한 명당 몇 개가 됩니까 하는 답을 구하는 것입니다. 즉 1단위당 돌아가는 양을 구하는 계산입니다. 이 점이 충분히 이해됐다면 분수의 나눗셈은 뒤집어서 곱하면 된다는 것도 이해할 수 있다고 생각합니다. 그러나 오늘은 그 점에 대해서는 깊이 들어가지 않고 넘어가겠습니다.

　고등학생이 되면 어느 수로 나눈다는 건 그 수의 역수를 곱하는 것이라는 말을 이해할 수 있을 겁니다. 그럼 이번엔 역수란 무엇일까요.

　역수란, 서로 곱하면 1이 되는 2개의 수를 말합니다. 이 두 수는 서로 상대의 역수라고 합니다. 즉 $ab=1$로 되는 두 개의 수 a, b는 서로에게 역수입니다. 예를 들어 3의 역수는 $\frac{1}{3}$, $\frac{13}{7}$의 역수는 $\frac{7}{13}$입니다. 물론 무리수에서도 마찬가지여서, 예를 들면 $\frac{\sqrt{2}}{3}$의 역수는 $\frac{3}{\sqrt{2}}$입니다. 이것들을 곱하면 1이 된다는 건 간단히 확인할 수 있습니다. 또 0은 어떤 수를 곱해도 0이 되므로 0은 역수를 갖지 않는다는 것을 알 수 있습니다.

　형식적으로 말하면 역수란 글자 그대로 역의 수, 즉 뒤집은 수입니다. 우리는 모든 수를 형식적으로 분수의 형태로 쓸 수 있습니다. 예를 들어 보통의 분수라면 당연히 $\frac{a}{b}$ 로 되지만, 자연수 3 등도 $\frac{3}{1}$ 처럼 억지로 분수로 쓸 수 있습니다. 무리수는 보통 분수라고는 말하지 않지만 $\sqrt{3}$ 을 $\frac{\sqrt{3}}{1}$ 처럼 형태상으로는 분수로 쓸 수가 있습니다.

이때 역수란 이 형식적인 분수의 분자와 분모를 거꾸로 한 수를 말합니다. 즉 $\frac{a}{b}$ 의 역수는 $\frac{b}{a}$ 입니다. 일반적으로 임의의 실수 a가 있을 때 a는 $\frac{a}{1}$ 이므로 그 역수는 $\frac{1}{a}$ 이 됩니다. 이것을 분수로 표시하지 않고 고등학교에서 배운 일반적인 지수 형태로 나타내면,

$$\frac{1}{a} = a^{-1}$$

이 됩니다. 우변은 보통 '에이인버스'라고 읽습니다. 여기서 세 가지를 확인해둡시다. 역수란 곱셈하면 1이 되는 2개의 수로 서로에게 역수가 됩니다. 0은 어떤 수를 곱해도 0이 되어버리므로 0에 곱해서 1로 되는 수는 없습니다. 즉 0은 역수를 갖지 않습니다. 마지막 한 가지는 1에 어떤 수를 곱하면 다시 그 수가 됩니다. 즉 $a \times 1 = 1 \times a = a$라는 겁니다.

이 정도로 준비를 마치고 1차 방정식 $ax = b$의 해법으로 돌아옵시다. 그럼, 또 누군가에게 설명을 부탁할까요?

"저어, 설명 말입니까? 실은 돌아가신 할아버지가 유언으로 그런 것이 있어도 설명하지 마라, 남자는 침묵하며 견디는 거다, 라는 말씀을 하셔서."

"그것은 변명 같은데요. 바보 같은 소리 하지 말고 어찌됐건 풀어보세요."

"하하, 유언 작전 실패. 에―."

$ax=b$라는 1차 방정식을 생각해봅시다. a가 0이 아니라면 역수 $\frac{1}{a}$가 있으므로 양변에 그것을 곱하면,

$$ax = b$$
$$\frac{1}{a}(ax) = \frac{1}{a}b$$
$$\left(\frac{1}{a}a\right)x = \frac{1}{a}b$$
$$1x = \frac{b}{a}$$
$$x = \frac{b}{a}$$

여기서 사용한 것은 역수의 성질, 즉 a가 0이 아니라면 역수가 있으며 역수를 곱하면 1이 된다는 성질과 1의 성질이었는데, 실은 한 가지 더 중요한 계산 법칙을 사용했습니다. 그것이 뭘까요?

"중요한 거라니요, 저어, 이 해법을 아무리 살펴봐도 그 이외에 다른 것은 사용하지 않은 것 같은데요."

네, 확실히 그냥 바라만 봐서는 놓칠 법합니다. 도중에서 한 곳, 결합법칙을 사용했습니다.

$$\frac{1}{a}(ax) = \left(\frac{1}{a}a\right)x = 1x = x$$

라는 식의 변형입니다. 여기서는 아무래도 곱셈의 결합법칙이 필요해집니다.

1차 방정식을 푼다는 건 중학교에서 배운 가장 기초적인 수학인데, 거기서 사용된 것이 이 정도의 개념입니다.

자, 이것을 행렬의 '1차' 방정식 $AX=B$로 확장하고자 합니다. 아까 누군가가 말했듯이 이 방정식을 풀려면 양변을 A로 나누면 되는데, 우리는 곤란하게도 행렬로 '나눈다'는 게 뭔지 모릅니다. 그래서 해법의 실마리를 찾아보기 위해 수로 나눈다는 것을 되돌아봤습니다. 거기서 알게 된 것은 나눈다는 건 역수를 곱하는 것, 즉 역수란 서로 곱하면 1이 되는 두 개의 수라는 것이었습니다. 이런 개념을 행렬의 계산까지 일반화해서 사용할 수 있습니다. 그러기 위해서는 먼저 앞서 보았던 행렬과 벡터의 곱셈에서 조금 더 나아가 두 행렬의 곱셈을 공부해야 합니다.

행렬의 계산과 역행렬

맨 먼저 행렬의 덧셈과 상수배를 정의해보겠습니다.

행렬이란 수의 표를 말합니다. 그러므로 덧셈과 상수배는 자연스럽게 정의할 수 있습니다.

행렬의 덧셈과 상수배

$$A = \begin{pmatrix} a & b \\ c & d \end{pmatrix}, \quad B = \begin{pmatrix} x & y \\ z & w \end{pmatrix}$$

에 대하여 그 덧셈과 상수배를

$$A + B = \begin{pmatrix} a+x & b+y \\ c+z & d+w \end{pmatrix}, \quad kA = \begin{pmatrix} ka & kb \\ kc & kd \end{pmatrix}$$

로 정의한다.

이것은 요컨대 덧셈이란 두 개의 표를 겹쳐 합치는 것, 상수배란 표 속의 수를 모두 k배 하는 것이므로, 지극히 자연스럽습니다. 그러므로 우리가 수를 계산할 때 사용한 여러 가지 덧셈의 규칙,

교환법칙과 결합법칙 등이 그대로 행렬의 덧셈에 적용됩니다.

다음으로 곱셈을 정의합시다. 행렬과 벡터의 곱셈을 할 때, 조금 기묘한 계산이었지만,

행렬의 곱셈

$$\begin{pmatrix} a & b \\ c & d \end{pmatrix}\begin{pmatrix} x_1 \\ x_2 \end{pmatrix} = \begin{pmatrix} ax_1 + bx_2 \\ cx_1 + dx_2 \end{pmatrix}$$

로 정의했었습니다. 이것은 2차원의 정비례라는 시점에서 보면, 정확히 설명되는 곱셈이었습니다. 한 번 더 확인하면 '1에 해당하는 양×몇 개 분'이라는 곱셈의 의미를, 그대로 2차원의 양에 확장한 것이 행렬과 벡터의 곱셈이었습니다. 그래서 이것을 두 행렬의 곱에까지 일반화하여 2차 행렬의 곱을 다음과 같이 정의합니다.

2차 행렬의 곱

$$\begin{pmatrix} a & b \\ c & d \end{pmatrix}\begin{pmatrix} x_1 & y_1 \\ x_2 & y_2 \end{pmatrix} = \begin{pmatrix} ax_1 + bx_2 & ay_1 + by_2 \\ cx_1 + dx_2 & cy_1 + dy_2 \end{pmatrix}$$

보면 알 수 있는데, 뒤쪽 행렬은 두 개의 세로 벡터

$$\begin{pmatrix} x_1 \\ x_2 \end{pmatrix} \quad \begin{pmatrix} y_1 \\ y_2 \end{pmatrix}$$

를 늘어놓은 것이라고 생각하고, 행렬과 벡터의 곱셈을 동시에 2회 실행한다고 생각하는 겁니다. 이와 같이 정의된 행렬의 곱셈은 다음과 같은 성질을 갖습니다.

세 개의 2차 행렬을 각각 *A*, *B*, *C*로 하면,

$$A(BC) = (AB)C$$

가 성립됩니다. 이것을 결합법칙이라고 합니다. 이것은 시험해보면 바로 알 수 있습니다.

그런데, 행렬의 곱에 대하여

$$AB=BA$$

는 일반적으로는 성립하지 않습니다. 행렬의 곱셈에서는 교환법칙이 성립되지 않는 경우가 있습니다. 예를 들어

$$\begin{pmatrix} 1 & 2 \\ 0 & 1 \end{pmatrix} \begin{pmatrix} 1 & 1 \\ 1 & 1 \end{pmatrix} = \begin{pmatrix} 3 & 3 \\ 1 & 1 \end{pmatrix}$$

인데,

$$\begin{pmatrix} 1 & 1 \\ 1 & 1 \end{pmatrix} \begin{pmatrix} 1 & 2 \\ 0 & 1 \end{pmatrix} = \begin{pmatrix} 1 & 3 \\ 1 & 3 \end{pmatrix}$$

이 되어 같은 행렬이 되지 않습니다. 이렇게 행렬 계산에서는 곱셈의 교환법칙이 성립되지 않는다는 것만 알아두면 그 다음은 조금 복잡하지만 일반적인 수 계산과 마찬가지 방식으로 계산할 수 있습니다.

우선 행렬 계산에서 수의 1에 해당되는 행렬은 무엇일까요. 그걸 단위행렬이라고 하는데 그것만 확실히 알 수 있다면, 서로 다른 두 행렬을 곱했을 때 그 결과가 단위행렬이 되면 그 두 행렬은 서로에게 '역행렬'이라고(역수가 아니라) 불러도 좋겠지요. 그 '단위행렬'은 보통 기호 E로 표시하며 다음과 같습니다. 이것이 왜 단위행렬이 되는지는 조금만 생각해보면 바로 알 수 있습니다.

$$E = \begin{pmatrix} 1 & 0 \\ 0 & 1 \end{pmatrix}$$

이 행렬 E가 수의 1에 해당되는 행렬입니다. 실제로 이 행렬을 다른 행렬에 곱해보면,

$$\begin{pmatrix} a & b \\ c & d \end{pmatrix} \begin{pmatrix} 1 & 0 \\ 0 & 1 \end{pmatrix} = \begin{pmatrix} a & b \\ c & d \end{pmatrix}$$

로 되므로, E가 수의 1의 역할을 한다는 걸 알 수 있습니다.

이제, 역행렬을 정의할 수 있게 되었습니다.

역행렬

행렬 A에 대하여,

$$AX = XA = E$$

를 만족시키는 행렬 X를, A의 역행렬이라 하며, A^{-1}라고 쓴다. 또, 역행렬을 갖는 행렬을 정칙행렬이라 한다.

이제 방정식 $AX=B$는 '풀려'버립니다.

방정식 AX=B의 해법

행렬 A가 역행렬 A^{-1}을 갖는다면, 양변의 왼쪽부터 A^{-1}을 곱해봅시다. 그러면,

$$AX = B$$
$$A^{-1}(AX) = A^{-1}B$$
$$(A^{-1}A)X = A^{-1}B$$
$$EX = A^{-1}B$$
$$X = A^{-1}B$$

따라서, $X = A^{-1}B$가 구하는 답입니다.

"잠깐만요, 선생님. 그거 어쩐지 속임수 같지 않나요?"
"그래요, 글쎄 전에 그 학생이 말한 $X = \dfrac{B}{A}$ 하고 뭐가 다릅니까?"
"전혀 풀리질 않았다니까요."

아니 거 참, 글쎄 자네가 말한 건 양변을 A로 나눈다는 거였고. 내가 말한 건, 양변에 A의 역행렬 A^{-1}을 곱한다는 거라네.

"하지만 선생님. 그건 A^{-1}가 어떤 행렬이 될지 모르면, 의미가 없지 않아요?"

하하, 들켜버렸습니다. 확실히 이론적으로는 이것으로 방정식이 '풀렸다'고 말할 수 있지만, 실제로는 다음의 두 가지가 풀리지 않았습니다.

> (1) 행렬 A는 어떨 때 역행렬을 갖는가?
> (2) 행렬 A가 역행렬을 가질 때 A⁻¹를 구할 수 있는가?

이 두 가지를 해결하지 않으면 실제로는 방정식이 풀렸다고는 할 수 없겠지요.

하지만 이 문제는 완전히 해결됩니다. 즉 '행렬식'이라는 도구를 쓰면, 깨끗하게 설명할 수 있습니다. 여기서는 행렬식의 일반론을 설명하지는 않겠습니다. 그것에 대해서는 따로 선형대수 교과서를 봐주세요. 여기서는 지금까지 공부한 2차 행렬의 경우에 한하여 행렬식과 역행렬을 설명하도록 하겠습니다.

행렬에 행렬의 값을 대응시키는 장치로서 행렬식이라는 조금 신기한 다항식을 생각해보겠습니다. 그것은 변수를 4개나 갖는 다항식으로, 그 변수를 x, y, z, w라고 하면,

$$f(x, y, z, w) = xw - yz$$

로 나타내지는 식입니다. 어느 항이나 변수 두 개가 곱해져 있다는 점에서 2차식이며, 항의 계수가 1이거나 −1이라는 데에 주의해주세요.

이 다항식을 기호,

$$\begin{vmatrix} x & y \\ z & w \end{vmatrix}$$

로 씁니다. 행렬은 (,)로, 행렬식은 | , |로 둘러싸는 것이 보통입니다.

여기서 하나, 행렬은 수의 표로 원래 수를 종횡으로 배열한 것이지만, 행렬식은 다항식이라서 보통의 다항식처럼 가로 1행으로 나타낼 수도 있지만, 사용상의 편의를 위하여 변수를 종횡으로 늘어놓은 형태로 쓴 것입니다. 그러므로 행렬은 더 이상 간단히 만들 수 없지만, 행렬식의 경우는 그 구성 변수에 수를 대입하면 그 다항식의 값을 계산할 수 있습니다. 예를 들어,

$$\begin{pmatrix} 1 & 2 \\ 3 & 4 \end{pmatrix}$$

는 행렬로서 더 이상 간단히 만들 수 없지만,

$$\begin{vmatrix} 1 & 2 \\ 3 & 4 \end{vmatrix}$$

는 행렬식

$$\begin{vmatrix} x & y \\ z & w \end{vmatrix} = xw - yz$$

의 변수 x, y, z, w에 $x=1$, $y=2$, $w=3$, $z=4$를 대입한 것이므
로 그 값을 계산할 수 있어서,

$$\begin{vmatrix} 1 & 2 \\ 3 & 4 \end{vmatrix} = 1 \times 4 - 2 \times 3 = -2$$

가 됩니다. 어떻습니까, 뭔가 감이 오나요?

　　"감이 오냐고 물으셨나요?"

　　"응, 멍해졌을 뿐이야. 감과 멍은 큰 차이인데."

　　"하지만, 행렬식은 다항식인데, 왜 가로 1열로 쓰지 않고, 종횡
　　으로 나누어 쓰는 걸까."

　　"있지, 있지, 이거 행렬 쓰는 방식하고 닮지 않았어?"

그겁니다!

　　"뭐가요?"

행렬식을 가로 1행으로 쓰지 않고 종횡 형식으로 쓰는 데에는

이유가 있습니다. 그것은 행렬식에 '행렬을 대입'하고 싶기 때문입니다. 즉 행렬식을 종횡 형식으로 써 놓으면 어떤 행렬이 주어졌을 때 그 행렬을 그대로 행렬식에 대입하는 계산을 간단히 할 수 있습니다. 다른 말로 하자면 행렬식이라는 다항식은 행렬 A에 수치값을 대응시키는 함수가 되는 겁니다. 이 값을 $|A|$ 혹은 *det* A라는 기호로 나타냅니다. 절댓값의 기호와 같은데, 절댓값은 아니고 행렬식을 나타냅니다.

즉,

$$det : A \rightarrow |A|$$

라는 것으로서, *det*는 행렬 A에 행렬식(의 값) $|A|$를 대응시키는 함수로 간주할 수 있습니다.

예를 들면, 행렬

$$A = \begin{pmatrix} 1 & 2 \\ -3 & 2 \end{pmatrix}$$

의 행렬식 $|A|$는

$$\begin{vmatrix} 1 & 2 \\ -3 & 2 \end{vmatrix} = 1 \times 2 - 2 \times (-3) = 8$$

이 되고, 행렬

$$A = \begin{pmatrix} 1 & 2 \\ 2 & 4 \end{pmatrix}$$

의 행렬식 |A|는

$$|A| = \begin{vmatrix} 1 & 2 \\ 2 & 4 \end{vmatrix} = 1 \times 4 - 2 \times 2 = 0$$

이 됩니다.

뒤의 예에서는 행렬 A가 O이라고 말하고 있지 않다는 점에 주의합시다. 행렬식에 대해서는 행렬의 곱과의 관계에서 다음의 중요한 정리가 성립됩니다.

정리

2개의 행렬 A, B에 대하여,

$$|AB| = |A||B|$$

가 성립된다.

이것은 절대값의 성질 $|ab| = |a||b|$와 형식적으로 같기 때문에 알기 쉬울 겁니다. 증명은 조금 번잡하지만 성실하게 계산해보면 알 수 있습니다. 거기 자네, 계산해보게!

"네—? 어째서 저예요. 어째서 쟤가 아닌 거예요?"

이유는 없습니다. 자, 어서.

"중얼 중얼. 에—……,

$$A = \begin{pmatrix} a & b \\ c & d \end{pmatrix} \quad B = \begin{pmatrix} x & y \\ z & w \end{pmatrix}$$

라고 하면,

$$AB = \begin{pmatrix} a & b \\ c & d \end{pmatrix}\begin{pmatrix} x & y \\ z & w \end{pmatrix} = \begin{pmatrix} ax+bz & ay+bw \\ cx+dz & cy+dw \end{pmatrix}$$

이니까, 그 행렬식은

$$
\begin{aligned}
|AB| &= \begin{vmatrix} ax+bz & ay+bw \\ cx+dz & cy+dw \end{vmatrix} \\
&= (ax+bz)(cy+dw)-(ay+bw)(cx+dz) \\
&= acxy+adxw+bcyz+bdzw-acxy-adyz-bcxw \\
&\quad -bdzw \\
&= ad(xw-yz)-bc(xw-yz) \\
&= (ad-bc)(xw-yz) \\
&= |A||B|
\end{aligned}
$$

로 됩니다. 지쳤다."

　네, 수고했습니다. 마치 평생 해야 할 계산을 한 번에 다 한 것 같은 얼굴을 하는데, 그런 연약한 정신으로는 안 됩니다.

　농담은 그만하고, 이것으로 확실히 행렬의 곱과 행렬식 사이에 무척 좋은 관계가 있다는 걸 알았습니다. 그런데 단위행렬 E 의 행렬식에 대하여,

$$|E| = \begin{vmatrix} 1 & 0 \\ 0 & 1 \end{vmatrix} = 1$$

로 되는 데에 주의하면, 행렬과 그 역행렬의 행렬식에 대하여, 다음 성질이 성립되는 걸 알 수 있습니다. 즉, A가 A^{-1}를 갖는다면

$$AA^{-1} = E$$

이므로 양변의 행렬식을 계산하면

$$|AA^{-1}| = |E| = 1$$

인데, 아까 증명한 정리에 의해 좌변은 $|A||A^{-1}|$이므로, 결국

$$|A||A^{-1}| = 1$$

입니다. 그럼, 이 식으로부터 어떤 걸 알 수 있을까요?

그것은 즉, 행렬 A가 역행렬을 가질 때에는 그 행렬식의 값 $|A|$는 0이 아니라는 겁니다. 곱해서 1이 돼야 하므로 어느 쪽 행렬식도 0이 아니라는 건 당연합니다. 그런데 실은 이 역도 성립됩니다.

정리와 증명

정리 행렬 A에 있어서 $|A| \neq 0$이라면 A는 역행렬을 갖는다.

증명

$$A = \begin{pmatrix} a & b \\ c & d \end{pmatrix}$$

에 대하여 행렬

$$\tilde{A} = \begin{pmatrix} d & -b \\ -c & a \end{pmatrix}$$

을 만든다(이 $\tilde{A}$를 A의 여인자행렬이라고 합니다). 이때,

$$A\tilde{A} = \begin{pmatrix} a & b \\ c & d \end{pmatrix} \begin{pmatrix} d & -b \\ -c & a \end{pmatrix}$$

$$= \begin{pmatrix} ad-bc & 0 \\ 0 & ad-bc \end{pmatrix}$$

$$= (ad-bc) \begin{pmatrix} 1 & 0 \\ 0 & 1 \end{pmatrix}$$

$$= (ad - bc)E$$

가 되므로, $ad - bc \neq 0$이라면,

$$\left(\frac{1}{ad - bc} \tilde{A} \right) A = E$$

이 $ad - bc = |A|$이므로, A는 역행렬 $\frac{1}{|A|} \tilde{A}$를 갖는 정칙행렬이다.

종합하면 행렬 A에 대하여 A가 역행렬을 갖기 위한 필요충분조건은 $|A| \neq 0$입니다. 행렬식의 값은 구체적으로 계산할 수 있고, 여인자행렬도 구해지므로, 역행렬을 구할 수 있게 되었습니다. 이제는 앞에서 제기한 두 개의 질문에 가슴을 펴고 대답할 수 있습니다. 정확하게 공식을 써둡시다.

$$A^{-1} = \frac{1}{ad - bc} \begin{pmatrix} d & -b \\ -c & a \end{pmatrix}$$

입니다. 단 $ad - bc \neq 0$입니다.

"센야마 선생님은 이럴 때밖에 가슴을 못 펴."

누굽니까, 뭐라고 한 사람은. 자, 앞의 질문과 그 답입니다.

(1) 행렬 A는 어떨 때 역행렬을 갖는가?

 답 A의 행렬식 $|A|$가 0이 아닐 때입니다.

(2) 행렬 A가 역행렬을 가질 때 역행렬 A^{-1}를 구체적으로 구할 수 있는가?

 답 가능합니다. 역행렬 A^{-1}는 다음과 같습니다.

$$A^{-1} = \frac{1}{|A|} \tilde{A}$$

여기서 행렬 A의 행렬식은 $ad-bc$이므로, A^{-1}를 구체적으로 계산할 수 있다는 사실에 주의합시다.

자, 이제 행렬에 대한 '1차 방정식' $AX=B$를 풀 준비가 다 되었습니다. 앞의 해법에서는 이 방정식의 풀이는 A가 역행렬을 가질 때,

$$X = A^{-1}B$$

였습니다. 여기에 나오는 벡터나 역행렬을 정확하게 쓰면,

$$\begin{pmatrix} x_1 \\ x_2 \end{pmatrix} = \frac{1}{ad-bc} \begin{pmatrix} d & -b \\ -c & a \end{pmatrix} \begin{pmatrix} b_1 \\ b_2 \end{pmatrix}$$

입니다. 우변을 계산하면

$$\begin{pmatrix} x_1 \\ x_2 \end{pmatrix} = \frac{1}{ad-bc} \begin{pmatrix} d & -b \\ -c & a \end{pmatrix} \begin{pmatrix} b_1 \\ b_2 \end{pmatrix}$$

$$= \frac{1}{ad-bc} \begin{pmatrix} db_1 - bb_2 \\ -cb_1 + ab_2 \end{pmatrix}$$

$$= \begin{pmatrix} \dfrac{db_1 - bb_2}{ad-bc} \\ \dfrac{-cb_1 + ab_2}{ad-bc} \end{pmatrix}$$

이므로, 양변을 비교하여,

$$x_1 = \frac{db_1 - bb_2}{ad-bc} \qquad x_2 = \frac{-cb_1 + ab_2}{ad-bc}$$

가 됩니다.

이것으로 행렬의 1차 방정식, 즉 연립방정식이 무사히 풀렸습니다. 그런데 이 식을 가만히 보고 있으면 분자와 분모가 행렬식의 형태를 하고 있는 것이 보이나요?

"보예! 라고 말하고 싶지만……. 앗, 정말로 보이네!"

"정말로?"

즉 분자와 분모를 행렬식으로 나타내면,

$$x_1 = \frac{\begin{vmatrix} b_1 & b \\ b_2 & d \end{vmatrix}}{\begin{vmatrix} a & b \\ c & d \end{vmatrix}} \quad x_2 = \frac{\begin{vmatrix} a & b_1 \\ c & b_2 \end{vmatrix}}{\begin{vmatrix} a & b \\ c & d \end{vmatrix}}$$

이 됩니다. 이 공식을 '크래머의 공식'이라고 합니다. 크래머의 공식이 1차 방정식 $ax=b$의 공식,

$$x = \frac{b}{a}$$

와 형식이 똑같은 것에 주목해주세요.

방정식 $ax=b$에서는 a가 0이 아니라면 양변을 a로 나눠서 답을 구할 수 있습니다. 기억에 의하면 여러분도 처음에는 $AX=B$의 양변을 'A로 나눠서' 답을 내려고 했을 겁니다. 그러나 그렇게 하려고 하면 "나눈다는 게 무엇인가", 특히 "행렬로 나눈다는 건 무엇인가"가 문제가 되어, 나눈다는 것의 의미를 다시 생각해보게 되었습니다.

결국 나누는 것은 역수를 곱하는 것이고, 어떤 수의 역수란 그 수와 곱하면 1이 되는 수이며, 그것을 행렬로 확장하여 행렬의 정칙성, 역행렬 등의 개념을 알게 되었습니다. 그리고 행렬, 행렬식이라는 도구를 생각해냄으로써 1변수에서의 정비례 함수

와 1차 방정식을 다변수의 정비례, 다변수 1차 방정식으로 확장할 수 있었습니다.

이러한 개념과 공식은 n차원으로까지 확장할 수 있으며, 선형대수학이란 바로 그 n차원의 정비례 함수를 다루는 수학 분야입니다.

강의는 이것으로 마치겠습니다. 시간이 짧아서 조금 서둘렀는데, 일단 중학교, 고등학교에서 배운 수학도 복습할 겸, 무한, 함수, 미분, 적분, 행렬의 가장 기초적인 부분을 살펴보았습니다.

수학은 그냥 배워서는 안 되고 배운 것의 의미를 정확히 이해하고 연습도 제대로 해야 합니다. 실은 전에 강의할 때 수학 연습시간이 있어서 학생들에게 문제를 풀게 했었는데 아쉽게도 최근에는 시간이 부족하여 연습시간을 갖지 못했습니다. 이것은 연습을 하지 않아도 된다는 얘기가 아닙니다. 그러니까 여러분은 꼭 스스로 적당한 연습서를 선택하여 풀이 연습을 하기 바랍니다.

뭐, 기말시험에 어려운 계산 문제를 낼 생각은 없으니 안심하십시오. 그럼 또 다시 만납시다.

"있지, 센야마 선생님의 마지막 말, 뭔가 이상하지 않아? 또 다시 만납시다라니 우리한테 점수를 주지 않을 작정인가?"

"그냥 하는 말일 거야. 글쎄 센야마 선생님한테서 점수를 못 받았다는 얘기는 들은 적이 없거든."

참고문헌

수학의 의미를 좀 더 깊이 알고 싶은 독자에게 권하는 책
아래 3권은 이 책이 다룬 동일한 주제를 알기 쉽게 서술하고 있습니다.
세야마 시로, 『제로에서부터 배우는 수학의 1, 2, 3』(講談社, 2002년)
세야마 시로, 『제로에서부터 배우는 수학의 4, 5, 6』(講談社, 2003년)
아라이 노리코, 『살아남기 위한 수학입문』(理論社, 2007년)

수학을 좀 더 엄밀하게 공부해보고 싶은 독자에게 권하는 책
아래 두 권 다 정확히 수학 기초에서부터 이론을 전개하고 있습니다.
세야마 시로, 『무한과 연속의 수학』(東京圖書, 2005년)
데라사와 준, 『π 와 미적분의 23화』(日本評論寺, 2006년)

본격적으로 수학을 공부하고 싶은 독자에게 권하는 책
어느 것이나 일본을 대표하는 명저로, 이것을 통독할 수 있으면, 수학의 기초로서는
지나치게 충분할 정도라고 할 수 있습니다. 단, 읽기가 호락호락하지 않은 책이므로,
노트 필기를 하며 시간을 들여서 읽을 필요가 있겠지요.
다카기 데이지, 『해석개론』(岩波書店, 1983년)
스기우라 미쓰오, 『해석입문(I, II)』(東京大學出版會, 1980년, 1985년)
사타케 이치로, 『선형대수학』(裳華房, 1974년)

수학 전반의 교양서를 읽고 싶은 독자에게 권하는 책
수학이란 어떠한 학문인가를 알기 위한 책입니다.
P. J. 데이비스, R. 헬슈, 『수학적 경험』(森北出版, 1986년)
세야마 시로, 『처음 해보는 현대 수학』(早川書房, 2009년)

옮긴이 **허명구**

서울대학교 인류학과를 졸업하고 고려대학교 대학원에서 경제학을 공부했다. 월간지 『사람과 일터』 편집주간을 지냈고 현재는 자유기고가로 활동 중이다. 『세상은 수학이다』 『아빠가 가르쳐주는 알기 쉬운 과학』 『물리가 강해지려면』 『로지컬 커뮤니케이션 트레이닝』 『프라이버시 온더라인』 등을 우리말로 옮겼다.

이제야 알겠다, 수학!
한 권으로 확실히 익히는 무한·함수·미분·적분·행렬

1판 1쇄	2011년 6월 27일
1판 4쇄	2018년 6월 12일

지은이	세야마 시로
옮긴이	허명구
감수	이동흔
펴낸이	김정순
책임편집	허영수
디자인	방상호
마케팅	김보미 임정진 전선경

펴낸곳	(주)북하우스 퍼블리셔스
출판등록	1997년 9월 23일 제406-2003-055호
주소	04043 서울시 마포구 양화로 12길 16-9(서교동 북앤빌딩)
전자우편	henamu@hotmail.com
홈페이지	www.bookhouse.co.kr
전화번호	02-3144-3123
팩스	02-3144-3121

ISBN 978-89-5605-529-9 03410

이 도서의 국립중앙도서관 출판도서목록(CIP)은 e-CIP 홈페이지(http://www.nl.go.kr/cip.php)에서 이용하실 수 있습니다. (CIP제어번호 : CIP2011002380)